Hamburger Symposium
Geographie

Band 1
Küste und Klima

Herausgegeben von
Beate M.W. Ratter

D1726593

Schriftenreihe des Instituts für Geographie der Universität Hamburg

Hamburger Symposium Geographie, Band 1

Gefördert von: KlimaCampus Hamburg

Die Deutsche Bibliothek – CIP Einheitsaufnahme

Ratter, Beate M.W. (Hrsg):
Küste und Klima.
Beiträge von Bruns, Antje; Deicke, Matthias; Doerffer, Julika;
Döring, Martin; Gönnert, Gabriele; Kanwischer, Detlef;
Karius, Volker; Meinke, Insa; von Eynatten, Hilmar;
von Storch, Hans / hrsg. von Beate M.W. Ratter.
– Hamburg: Institut für Geographie der Universität Hamburg, 2009
   (Hamburger Symposium Geographie ; 1)
   ISBN: 978-3-9806865-8-7

© 2009

Layout und Gestaltung: Claus Carstens
Herstellung und Druck : Karl Neisius GmbH, 56333 Winningen

Inhalt

Einleitung:

Hamburger Symposium Geographie – Küste und Klima

Beate M.W. Ratter

erschienen in: Hamburger Symposium Geographie, Band 1, Hamburg 2009: 3-6

Küste ist, wo sich Land und Meer treffen. Dieser Grenzraum hat je nach Topographie eine stark wechselnde Ausdehnung. Sie kann von einem Meter bis viele Kilometer breit sein. Die globalen Küstenzonen bis 200 km landeinwärts nehmen weniger als 15% der globalen Landfläche ein, beherbergen jedoch über 50% der Weltbevölkerung. Rund 3,1 Mrd. Menschen leben heute in Küstenzonen und es wird erwartet, dass bis 2025 circa ¾ der Erdbevölkerung an Küsten leben werden.

Küsten sind seit jeher bedeutende Lebensräume. Sie stehen unter permanentem Druck durch natürliche und sozio-ökonomische Prozesse, die sich noch dazu im ständigen Wandel befinden. An den Küsten wirken die Kräfte des Meeres, des Windes oder der Eismassen durch Erosion, Strömungen oder Wasserspiegelanstieg, genauso wie die anthropogenen Einflüsse menschlicher Aktivitäten, z.B. Transport, Landwirtschaft, Industrieentwicklung, Tourismus etc. Die im Schnittfeld Küste entstehenden Raumnutzungskonflikte und unterschiedliche Umweltschutzaufgaben erfordern ein angepasstes Management der zukünftigen Entwicklung.

Und Klima? Klima ist eine statistische Größe – der mittlere Zustand der Atmosphäre. Zur Bestimmung des Klimas werden Mittelwerte und Extremwerte herangezogen, die auf möglichst langjährigen Messungen beruhen. Das Klima basiert auf dem meteorologischen Dreisprung, den wir schon aus Schultagen kennen: Wetter, Witterung, Klima.

Das Wetter ist der augenblickliche Zustand der unteren Atmosphäre zu einer bestimmten Zeit an einem bestimmten Ort. Dieser Zustand wird durch die Größe der meteorologischen Elemente beschrieben: Temperatur, Luftdruck, Wind, Strahlung, Luftfeuchtigkeit, Bewölkung und Niederschlag. Mit dem Begriff Witterung bezeichnet man den typischen Wetterablauf in einem gewissen Zeitraum. Dieser kann sowohl ein paar Tage als auch die Dauer einer Jahreszeit umfassen. Dabei werden die wichtigsten Charakteristika des Wetters in dieser Zeit beschrieben, etwa im Altweiber-Sommer, in der Zeit der Herbststürme oder in der Tauwetterperiode um Weihnachten. Klima wiederum ist ein Sammelbegriff für Vorgänge in der Atmosphäre, die sich in einer bestimmten Region über einen längeren Zeitraum erstrecken. Es ist eine Verallgemeinerung aus Wetter und Witterung und beschreibt den typischen, mittleren Verlauf der Witterung im Verlauf eines Jahres im langjährigen Mittel.

Wenn von Klimaänderung gesprochen wird, dann bezieht sich dieser Begriff auf die Entwicklung der statistischen Durchschnittswerte der letzten Jahrzehnte. „Eine Schwalbe macht noch keinen Sommer…" Ein heißer Sommertag beschreibt noch keine Klimaänderung.

Klimaveränderung, Klimawandel, Klimakatastrophe – je mehr Begriffe in der medialen Berichterstattung auftauchen, desto weiter entfernen sie sich aus dem wissenschaftlichen Diskurs und verlieren damit auch an wissenschaftlicher Plausibilität. Der Begriff Klimaänderung bezeichnet eine Veränderung des Klimas auf der Erde über einen längeren Zeitraum. Seit Bestehen der Erde verändert sich das Klima ständig. Eine Klimaänderung kann beispielsweise eine tendenzielle Abkühlung oder Erwärmung der Oberflächentemperatur über Jahrtausende bezeichnen. Auch Eiszeiten oder die globale Erwärmung sind Klimaänderungen, die ganz verschiedene Ursachen haben können. So wirken permanent zahlreiche zyklische und nichtzyklische Prozesse und Ereignisse auf das Erdklima ein, z.B. astronomische Zusammenhänge die mit der Sonne und dem Mond zu tun haben – also den Erdbahnen um die Sonne, der Neigung der Erdachse und dem Gezeitenwandel durch Mondeinfluss, dem Kontinentaldrift, den Windsystemen etc.

Heutzutage wird der Begriff Klimawandel zumeist mit der „globalen Erwärmung" gleichgesetzt, was genau genommen falsch ist. Denn unter dem Begriff Klimawandel versteht man nicht nur die globale Erwärmung, sondern auch den Zyklus des globalen Temperaturgangs, bei dem auf eine Kaltzeit eine Wärmeperiode folgt. Beide Faktoren zusammen bezeichnen den Klimawandel. Unter dem Begriff „globale Erwärmung" versteht man heute im Allgemeinen die durch den Menschen ausgelöste Klimaänderung. Also alle Veränderungen, die durch Aktivitäten des Menschen verursacht wurden. Da sich das Klima durch diese anthropogenen Veränderungen – so wird vermutet – eher zum Negativen als zum Positiven wandelt, wird der Begriff der „globalen Klimaänderung" fast ausschließlich für die negative Veränderung des Klimas und deren Folgen verwendet. Erste Klimaänderungen auf Grund einer menschlich verursachten globalen Erwärmung entwickelten sich mit dem Beginn der Industrialisierung. Derzeit ist der Diskurs über Klima durch Schlagwörter wie Treibhauseffekt, Treibhausgase oder auch Kohlenstoffdioxid gekennzeichnet.

Und Klimakatastrophe? Ein typisch deutsches Wort, das in anderen Sprachen kaum gebräuchlich ist. Als Klimakatastrophe bezeichnet man die schlimmsten aller möglichen Konsequenzen der globalen Erwärmung, die zutreffender Weise als *Erd-Überhitzung* bezeichnet werden sollte. Der Begriff wird insbesondere von deutschsprachigen Massenmedien in Bezug auf die aktuelle Problematik des menschgemachten Klimawandels angewandt, und er bezeichnet mitunter auch drastische Ereignisse aus der Klimageschichte. Auch bei der in den frühen 1970ern vermeintlich drohenden globalen Abkühlung sprachen Medien von einer Klimakatastrophe. Im Englischen spricht man von *climate change* – eher ungebräuchlich ist der Begriff *climate disaster* –, ins Französische übersetzt spräche man von einer *catastrophe climatique*, aber auch hier ist die *changement climatique* vorherrschend, während die Spanier meist von einem *cambio climático* sprechen.

Bei der Befürchtung einer Klimakatastrophe handelt es sich um ein so genanntes *Worst-Case-Scenario*, das heißt, das Zugrundelegen von gefährlichen Rückkopplungen im Klimasystem, die durch die anthropogenen Emissionen von Treibhausgasen unwiderruflich ausgelöst werden können. Beispiele für mögliche Klimakatastrophen sind das vollständige Abschmelzen der antarktischen und grönländischen Eiskappen oder das Abklingen des Golfstroms. Die Eintrittswahrscheinlichkeit solcher für das Klima und den Menschen katastrophaler Ereignisse wird gegenwärtig sehr unterschiedlich bewertet. Einigkeit herrscht nur darüber, dass sich etwas wandelt.

Der globale Klimawandel bedroht die Lebensräume vieler Menschen entlang der Küste. Egal welche Szenarien sich in Zukunft als realitätsnah erweisen werden, die öffentliche Diskussion und bedrohliche Ereignisse machen das Thema Klima zu einem gesellschaftlich relevanten Thema für die Schule. Im Hamburger Symposium Geographie „Küste und Klima" wurden Themen behandelt, die sich mit den Veränderungen des Klimas und den Auswirkungen auf den Küstenraum beschäftigen. Die Veranstaltung, die vom 31.10. bis 1.11.2008 an der Universität Hamburg in Zusammenarbeit mit dem Landesinstitut für Lehrerbildung und Schulentwicklung Hamburg stattfand, hatte zum Ziel, jüngste Forschungsergebnisse aus der Küstenforschung, der Meteorologie und der Geographie einem Publikum nahe zubringen, das an der Schnittstelle von Wissenschaft und Schule arbeitet. Die Beiträge dieser Veranstaltung wurden für dieses Buch zusammengestellt und überarbeitet.

Im Beitrag von Hans von Storch, Julika Doerffer und Insa Meinke werden die Auswirkungen des Kimawandels auf die deutsche Nordseeküste beschrieben und erklärt, wie sich der Klimawandel in der Vergangenheit dargestellt hat. Auf der Basis bisheriger Klimaänderungen in Norddeutschland werden zukünftige Änderungen des Sturm-, Sturmflut- und Seegangsklimas abgeleitet. Die AutorInnen erklären die Methodik der Klimamodellierung und diskutieren die Nützlichkeit von Szenarien. Es geht im Wesentlichen darum, schon jetzt relevante Fragen für die Zukunft zu formulieren. Für eine notwendige Anpassung an den Klimawandel ist es wichtig, die in und für die Gesellschaft verfügbaren Optionen auszuloten.

Gabriele Gönnert beschreibt in ihrem Beitrag zu Sturmfluten in der Elbe das Hochwasser- und Bemessungskonzept der Hamburg Port Authority, das die Datenbasis für notwendige Sturmflutsicherungen liefert. Der Küstenschutz in Hamburg basiert auf den Konzepten „vorbeugender Hochwasserschutz", „technischer Hochwasserschutz" und „operativer Schutz". Damit soll dem Grundprinzip der Gewährleistung der größtmöglichen und gleichen Sicherheit an allen Orten der Stadt Folge geleistet werden. Grundlegend für diese Gewährleistung ist ein Küstenschutz, der auf einem definierten Extremereignis basiert, dem Bemessungswasserstand. Insbesondere mit dem Bau der HafenCity wurden hier neue Konzepte notwendig, um sturmflutgefährdete Gebiete von Hamburg auch weiterhin zu sichern.

Volker Karius, Matthias Deicke und Hilmar von Eynatten stellen in ihrem Beitrag ein ganz anderes Herangehen an die Sturmflut-Frage vor. Ihre sedimentologischen Untersuchungen über das Oberflächenwachstum der Nordfriesischen Halligen liefern eindringliche Belege, dass es parallel zum Meersspiegelanstieg einen Prozess gibt, der diesem entgegenwirkt. Bei jeder Überflutung wird Sediment auf den Halligen abgelagert. Dadurch kommt es langfristig zu einem Anstieg der topographischen Landhöhe. Fraglich ist, inwieweit das Gleichgewicht zwischen Meeresspiegelschwankungen und Halligwachstum in der Vergangenheit auch in der Zukunft Bestand haben wird.

Martin Döring behandelt die Küstenlandschaftsforschung und diskutiert deren Bedeutung für das Integrierte Küstenzonenmanagement. Natur und Landschaft sind gesellschaftliche Themen. Die unterschiedliche Wahrnehmung von Natur führt nicht zuletzt auch zu einer unterschiedlichen Bedeutung in verschiedenen gesellschaftlichen Gruppen. Dies hat Auswirkungen auf die kulturellen Praktiken und sozialen Prozesse, die insbesondere bei der Planung der zukünftigen Entwicklung Berücksichtigung finden sollten. Martin Döring plädiert für eine sozialwissenschaftliche Erweiterung des Integrierten Küstenzonenmanagements (IKZM) und stellt in einem Versuch die Verknüpfung der Themen Küstenlandschaften und IKZM im Projektunterricht vor.

Im Beitrag von Antje Bruns geht es um partizipative Planungsprozesse im Küstenraum und die geographische Bildung für nachhaltige Entwicklung. Ihre Analyse zeigt, dass sich soziale, politische und sachliche Kontexte, in denen räumliche Planungsprozesse stattfinden, permanent verändern. Die räumliche Steuerung des Küstenraums durch Raum- und Umweltplanung untersucht sie an zwei Beispielen: 1. der Entwicklung einer neuen Wasserpolitik und der Umsetzung der Wasserrahmenrichtlinie der Europäischen Gemeinschaft und 2. der Insel- und Halligkonferenz als Beispiel für Integriertes Küstenzonenmanagement in Norddeutschland. Hier lotet sie neue Handlungsspielräume und Steuerungsfelder aus, die eine zentrale Herausforderung für die Lösung von Umweltproblemen darstellen. Unterschiedliche Akteure im Küstenraum haben unterschiedliche Wertvorstellungen, Ziele und Interessen. Die bloße Bereitschaft zum Austausch reicht hier nicht aus, aber es zeigt sich, dass ein gut organisierter und moderierter Dialogprozess sehr erfolgreich sein kann.

Im Teil B des Buches werden von Detlef Kanwischer die Ergebnisse des didaktischen Workshops zur methodischen Umsetzung der Themen Klimawandel und Küstenraum vorgestellt. Über die Anwendung des „exemplarischen Prinzips" werden mit der Vorstellung einer Unterrichtsskizze zum Fallbeispiel Sylt Lehrkonzepte diskutiert, Material bereitgestellt und Umsetzungsvorschläge präsentiert. An dieses Beispiel schließt sich die Vorstellung des didaktischen Strukturgitters und die Präsentation einzelner unterrichtspraktischer Anregungen an, die zur Umsetzung im Unterricht dienen können.

In der Gesellschaft sind wir ständig konfrontiert mit dem Kräftespiel von Uninformiertheit einerseits und Abgestumpftheit durch Überinformation andererseits. Aus diesem Dilemma kann Nicht-Aktivität anstelle eines notwendigen pro-aktiven Verhaltens in Bezug auf die Klimaanpassungsmaßnahmen resultieren. Dieses Kräftespiel gilt es in einem für das Klimabewusstsein förderlichen Rahmen zu halten. Unsicherheit, die zu Fatalismus statt zu Innovation und Engagement führt, kann langfristig schwerwiegende Folgen nach sich ziehen. Es besteht eine Gefahr der Ermüdung in der Gesellschaft, wenn Klimaziele ständig nicht erreicht werden und politisch immer wieder über neue Ziele diskutiert wird, ohne dass Effekte sichtbar werden.

Das Symposium Geographie lieferte Einblicke in aktuelle wissenschaftliche Diskussionen der Küstenforschung aus humangeographischer und naturwissenschaftlicher Sicht, die durch Ansätze für eine Umsetzung dieser Themen im Schulunterricht ergänzt und diskutiert wurden. Die Ergebnisse sind in diesem Buch zusammengefasst.

Bedanken möchte ich mich beim Landesinstitut für Lehrerbildung und Schulentwicklung Hamburg, das bei der Umsetzung und Durchführung des Symposiums mitgewirkt hat. Besonderer Dank gilt Paul Cremer-Andresen für seine Unterstützung und Kooperation. Darüber hinaus möchten wir uns für die freundliche Unterstützung des KlimaCampus Hamburg bedanken, der die Finanzierung dieser Publikation übernommen hat.

Beate M.W. Ratter
Institut für Geographie
Universität Hamburg
Bundesstraße 55, 20146 Hamburg
ratter@geowiss.uni-hamburg.de
http://www.uni-hamburg.de/geographie/personal/professoren/ratter/

Teil A

Die deutsche Nordseeküste und der Klimawandel

Hans von Storch, Julika Doerffer, Insa Meinke

erschienen in: Hamburger Symposium Geographie, Band 1, Hamburg 2009: 9-22

Küstenregionen sind von Natur aus dynamische Systeme, in denen Veränderungen ein stetiger, natürlicher Prozess sind. Sie zählen zu den wichtigsten Lebensräumen der Menschheit und schon immer hat sich der Mensch hier den Veränderungen angepasst. Zu diesen Veränderungen zählt auch der Klimawandel und daraus resultierende Folgen für Ozeane und Küsten. Der Klimawandel ist jedoch kein neues Phänomen, denn das Klima verändert sich stetig auf Grund natürlicher Ursachen. Analysiert man das Wetter über längere Zeiträume (Jahrzehnte), erhält man Auskunft über das Klima und seine Änderungen.

Seit Beginn der Industrialisierung wirkt sich die Freisetzung von Treibhausgasen durch den Menschen zusätzlich auf das Klima aus. Der Klimawandel prägt sich regional unterschiedlich aus. Auf die regionale Ausprägung von vergangenen und möglichen zukünftigen Klimaänderungen in Norddeutschland soll im Folgenden eingegangen werden. Dabei liegen die Schwerpunkte auf der Methodik zur Beschreibung des vergangenen Klimas und zur Projektion eines sich in Zukunft ändernden Klimas und den aktuellen wissenschaftlichen Erkenntnissen zum regionalen Klimawandel in Norddeutschland.

1. Bisherige Klimaänderungen

1.1 Methoden zur Bestimmung bisheriger Klimaänderungen

Wetterdaten sind seit den letzten 150 Jahren systematisch mit Wetter- und Messstationen an vielen Orten auf der Erde aufgezeichnet worden. Aus den Anfangszeiten dieser instrumentellen Messungen gibt es jedoch nur in Ausnahmefällen homogene Daten. Sie sind meistens stark von der direkten veränderlichen Umwelt beeinflusst, so dass unterschiedliche Messungen zu zwei verschiedenen Zeitpunkten nicht zwingend eine Veränderung beschreiben, sondern auf Änderungen im Umfeld oder auf eine Änderung in der Messmethode zurückzuführen sein können. An Messstationen werden deshalb hohe An-

forderungen gestellt, wie die Homogenität der Messreihen oder die Repräsentanz der Station für die weitere Umgebung.

Aus den über einen relativ langen Zeitraum erfassten Messgrößen wie der Lufttemperatur, der Luftfeuchte, dem Niederschlag, der Windrichtung und -geschwindigkeit, dem Luftdruck etc. wird die Statistik des Wetters abgeleitet – das Klima. Der „relativ lange Zeitraum" ist von der Weltorganisation für Meteorologie als Referenzzeitraum von 30 Jahren festgelegt. Die festgelegten Intervalle sind die schon abgeschlossenen Zeiträume von 1931 bis 1960 und 1961 bis 1990, sowie die derzeitige Periode von 1991 bis 2020. Sie dienen vor allem der Vergleichbarkeit der klimatischen Größen untereinander.

Neben den instrumentellen Messungen bieten sich zusätzlich andere Aufzeichnungen als nützliche Klimaindikatoren an, wie z.B. historische Aufzeichnungen oder Tagebücher mit Ernteerträgen, Reparaturkosten für Deiche oder die Anzahl eisfreier Tage von Seen und Flüssen. Solche indirekten Klimaindikatoren werden als Proxydaten bezeichnet. Klimaproxys können zur Rekonstruktion des Klimas der Vergangenheit herangezogen werden und dienen als Informationsgrundlage für Zeiträume in denen noch keine oder nur eingeschränkte instrumentelle Messungen existierten. Schätzungen über weiter zurückliegende Änderungen des Klimas können auch über Proxydaten aus natürlichen „Klimaarchiven" gemacht werden. Trends über mehrere Jahrhunderte können beispielsweise aus dem Rückzug von Gletschern oder aus Bohrkernen abgeleitet werden. Aus Baumringen, marinen, limnischen und terrestrischen Sedimenten oder Korallen können zudem saisonale Klimaschwankungen gewonnen werden und somit sind sie auch für einzelne Jahreszeiten repräsentativ.

Ein wichtiges Instrument der Vergangenheitsanalyse sind Eisbohrkerne, die vor allem aus Landeisschilden in Grönland oder der Antarktis gewonnen werden. Seit Jahrmillionen lagern sich hier Schneeschichten übereinander die anhand verschiedener Parameter Informationen über das vergangene Klima bereitstellen. Eine aufschlussreiche Quelle sind Isotopenanalysen. Aus dem Verhältnis der Sauerstoff-Isotope 16 und 18 lässt sich näherungsweise die Temperatur zum Zeitpunkt des Schneefalls bestimmen. Der Staubgehalt und die Gaszusammensetzung in den winzigen Luftbläschen geben Auskunft über die damalige Atmosphäre. Die Ergebnisse solcher Analysen zeigen einen deutlichen Zusammenhang: Tiefe Temperaturen korrespondieren mit einem niedrigeren Anteil an den Treibhausgasen Kohlendioxid und Methan (Abb. 1). Ein weiteres sehr nützliches Klimaarchiv sind

fossile Pollen. Durch Pollenanalysen lassen sich Vegetationstypen bestimmen die Rückschlüsse auf das Klima der Vergangenheit zulassen. Die Aussagekraft von Pollenanalysen reicht jedoch nur bis zu einem Zeitraum von etwa 10.000 Jahren zurück.

Insgesamt sind jedoch die Aussagen, die sich mit Hilfe der Proxydaten treffen lassen, mit großen Unsicherheiten behaftet und erst das Zusammentragen aller verfügbaren instrumentellen und historischen Aufzeichnungen erlaubt einigermaßen gesicherte Aussagen. Im Allgemeinen steigen die Unsicherheiten für weiter zurückliegende Zeiten an.

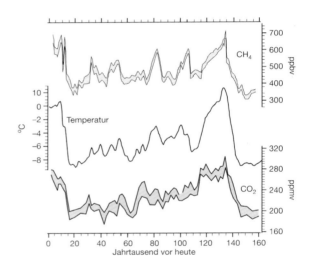

Abb. 1: Rekonstruierte Zeitreihen für Temperatur, Kohlendioxid- und Methankonzentration über die letzten 160.000 Jahre aus dem Vostok-Eisbohrkern (Antarktis) (aus von Storch et al. 1999).

1.2 Globaler Klimawandel der Vergangenheit

Das Klimasystem ist ständigen Änderungen unterworfen. Im zyklischen Wechsel von Kalt- und Warmzeiten verändert sich das Eis-Wasser-Verhältnis der Erde. Die in den Kaltzeiten anwachsende Eismassen und Eisschilde führten weltweit zu ei-nem Absinken des Meeresspiegels (Regression). Umgekehrt schmolz das Inlandeis in den Warmzeiten, was einen Anstieg des Meeresspiegels (Transgression) bzw. der Meeres-

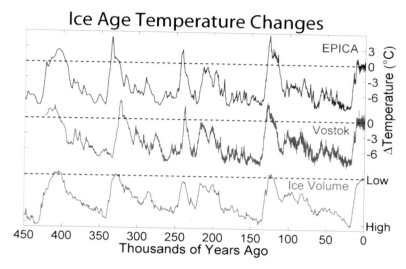

Abb. 2: Die beiden oberen Kurven der Abbildung zeigen die Änderung der geschätzten Temperatur an zwei Stellen in der Antarktis während der Glaziale/Interglaziale des Quartärs und als Vergleich in der unteren Kurve das geschätzte Anwachsen und Abschmelzen der globalen Eismassen. An den Kurven lässt sich eindeutig die hohe Korrelation von Temperaturänderungen in der Antarktis und dem Volumen der globalen Eismassen und damit dem Meeresspiegel ablesen (Abbildung erstellt von Robert A. Rohde / www.globalwarmingart.com).

spiegel-Hochstände zur Folge hatte (Streif 2002) (Abb. 2).

Auf dem Höhepunkt der letzten Warmzeit (vor etwa 125.000 Jahren) lag der mittlere globale Meeresspiegel wahrscheinlich 4-6 Meter höher als heute. Eisbohrkerndaten deuten darauf hin, dass die durchschnittlichen polaren Temperaturen zu dieser Zeit aufgrund von Abweichungen der Erdbahnparameter um 3 bis 5 °C höher lagen als heute. Ein Anstieg des Meeresspiegels war die physikalische Folge einer solchen Erwärmung. Zum einen nimmt das Volumen des Meerwassers durch seine Erwärmung zu, da Wasser sich durch Erwärmung ausdehnt und zum anderen nimmt die Wassermenge in den Weltmeeren insgesamt zu, vor allem durch das Abschmelzen der Eismassen auf Land. Auf dem Höhepunkt der letzten Kaltzeit hingegen, vor etwa 20.000 Jahren, lag die mittlere globale Temperatur 4 bis 7 °C tiefer als heute und der Meeresspiegel lag 120 m unter dem heutigen. Diese Beispiele machen deutlich, dass Temperaturänderungen in der Erdgeschichte in der Regel mit großen Meeresspiegelschwankungen einhergingen.

Änderungen des Meeresspiegels zeigen sich in ihrer räumlichen Verteilung jedoch sehr unterschiedlich, weil regional unterschiedliche Erwärmung, eng verknüpft mit Veränderungen der Meeresströmungen die Neigung der Meeresoberfläche beeinflusst. Zudem hebt und senkt sich das Land an manchen Küsten (Landerer et al. 2007, IPCC 2007).

Seit etwa 11.000 Jahren befinden wir uns im Holozän, der jüngsten Warmphase des seit 2 bis 3 Millionen Jahren andauernden quartären Eiszeitalters. Auch in dieser Warmphase änderte sich das Klima und aus zahlreichen Aufzeichnungen und Untersuchungen von Eisbohrkernen lassen sich kältere und wärmere Epochen ablesen. So war es vor rund 1. 000 Jahren vermutlich ähnlich warm wie heute (mittelalterliches Optimum), gefolgt von der „Kleinen Eiszeit", die um 1600 bis 1700 mit Werten um 0,6 °C unter dem heutigen Niveau ihren Tiefpunkt erreichte (Schönwiese 2008). Die Verursachung

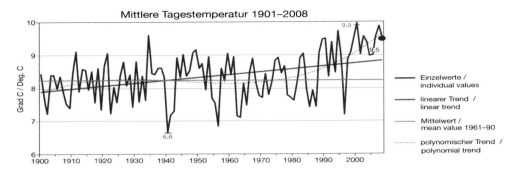

Abb. 3: Jahresmitteltemperatur in Deutschland 1901-2008. Es gab zwar schon immer Schwankungen, es lässt sich jedoch erkennen, dass die letzen 15 Jahre überdurchschnittlich warm waren. Vor allem aber ist der jüngste Anstieg seit etwa 1970 stärker als jemals vorher in der Datenreihe / nach Deutscher Wetterdienst, 2009).

der Klimaschwankungen jener Zeit ist noch ungenügend geklärt, obwohl der Sonnenaktivität und dem Vulkanismus dabei vermutlich hervorgehobene Bedeutung zukommt (IPCC 2007).

Trotz des Wechsels zwischen kälteren und wärmeren Phasen gilt das Klima des Holozäns insgesamt als recht stabil. Mit der Erwärmung gegen Ende der vorhergehenden Eiszeit setzten das endgültige Abschmelzen der großen Eisschilde und ein Meeresspiegelanstieg ein, der mit kurzen Unterbrechungen bis heute andauert. Dadurch wurde auch die Küstenlinie der Nordsee verändert und etwa 600 km landwärts und höher geschoben, bis vor 7.500 Jahren erste Brackwasserüberflutungen das Vorfeld der heutigen Inseln und Halligen erreichten. Mit dem weiteren Anstieg des Meeresspiegels versanken weite Teile der Geestlandschaft, gleichzeitig entstanden neue Landschaftselemente – die heutigen Inseln, Watten und Marschen (Streif 2002).

1.3 Bisherige Klimaänderungen in Norddeutschland

Langjährige Reihen der Wetteraufzeichnungen zeigen, dass sich das Klima in Deutschland ändert. Wie im weltweiten Durchschnitt waren auch in Deutschland die 1990er Jahre das wärmste Jahrzehnt im 20. Jahrhundert. Allerdings verlief die Erwärmung während des 20. Jahrhunderts nicht linear (Abb. 3). Einer starken

Erwärmung bis 1911 folgte eine wechselhafte Periode. Die 1940er Jahre waren außergewöhnlich warm. Nach einer erneuten Abkühlung ist seit Ende der 1970er Jahre ein kontinuierlicher und rapider Anstieg zu beobachten. Insgesamt hat die Jahresmitteltemperatur in den letzten 100 Jahre je nach Region zwischen 0 und 2,3 °C zugenommen, wobei sich vor allem die winterliche Erwärmung verstärkt hat, gefolgt von Frühling und Sommer. Der durchschnittliche Wert für Deutschland von etwa 1,2 °C liegt damit deutlich über der durchschnittlichen globalen Erwärmung von 0,8 °C (Zebisch et al. 2005, Gerstengarbe und Werner 2007, Schönwiese 2007).

Die Temperaturen sind im letzten Jahrhundert auch in Norddeutschland gestiegen. Dabei liegt Hamburg mit einer Zunahme von etwa 1,1 °C über dem globalen Mittel. Hier ist sicherlich ein städtischer Wärmeinseleffekt mit zu berücksichtigen. Doch auch das ländlich geprägte Niedersachsen liegt mit 1 °C über dem globalen Mittel (Abb. 4)

Änderung des Sturm-, Sturmflut- und Seegangsklimas

Die Analyse vergangener Änderungen des Sturm-, Sturmflut- und Seegangsklimas liefert sowohl Kenntnisse über die Größenordnung der natürlichen Variabilität, als auch ein Maß zur Bewertung der Auswirkungen möglicher zukünf-

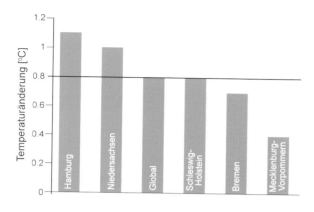

Abb. 4: Änderungen der Temperatur in Norddeutschland berechnet aus Temperaturmessungen des letzten Jahrhunderts. Es wurden die Messwerte aller verfügbaren Messstationen gemittelt (nach I. Meinke 2008, pers. Komm.).

tiger Änderungen infolge des erwarteten globalen Klimawandels. Die Informationen zu den Windverhältnissen über der Nordsee zeigen, dass sich diese mit dem bisherigen Klimawandel nicht systematisch verändert haben. Sowohl Wind- als auch Luftdruckmessungen zeigen vielmehr, dass Stärke und Häufigkeit der Nordseestürme im letzten Jahrhundert starken dekadischen Schwankungen unterlagen. So gab es beispielsweise eine Zunahme der Sturmtätigkeit zwischen 1960 und 1995 sowohl über der Nordsee als auch über der Ostsee, aber eine Analyse von Luftdruckdaten zeigt auch, dass seit 1800 kein langfristiger Trend hin zu einer Zu- oder Ab-

nahme der Sturmtätigkeit zu erkennen ist. Die Änderungen in den letzten Jahren liegen im normalen Schwankungsbereich. In der Deutschen Bucht bringt eine Sturmsaison heute aufgrund des vom Menschen verursachten Klimawandels weder heftigere noch häufigere Stürme hervor als zu Beginn des letzten Jahrhunderts. Dementsprechend laufen Sturmfluten heute windbedingt nicht höher auf als noch vor 100 Jahren.

Methodisch sind Analysen der längerfristigen Veränderung des Sturmklimas jedoch mit einigen Problemen behaftet. Zum einen fehlen hinreichend lange Datensätze, um die volle Bandbreite natürlicher Klimaschwankungen wirklich sicher abzudecken, zum anderen können Änderungen in der Messmethodik (Gerät, Exposition, Zeiten; man spricht von Inhomogenitäten) im Laufe der Zeit zu Fehlinterpretationen langfristiger Änderungen führen. Dies betrifft insbesondere Windmessungen, die ja am besten zur Charakterisierung der Stärke von Stürmen dienen könnten. Um dennoch zu belastbaren Aussagen über langfristige Änderungen zu kommen, wurden in den letzten Jahren verschiedene Methoden entwickelt und angewandt. Diese alternativen Zugänge operieren zumeist mit Luftdruckmessungen an einem oder an mehreren Orten. Ein Vorteil von Luftdruckmessungen ist ihre Robustheit gegenüber Änderungen in der Umwelt sowie deren oftmals längere Verfügbar-

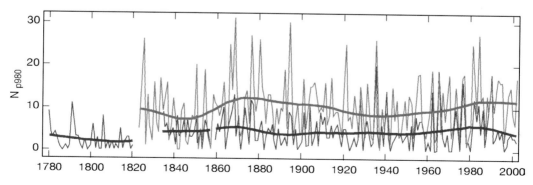

Abb. 5: Sturmindices für Lund (blau) und Stockholm (rot) in Schweden. Die Indices repräsentieren die jährliche Anzahl täglicher Barometermessungen von 980 hPa und weniger. Die durchgezogene Linie ist eine Ausgleichslinie (Quelle: Bärring und von Storch 2004).

keit. So sind Luftdruckmessungen beispielsweise für ein relativ dichtes Stationsnetz verfügbar und reichen teilweise über mehr als 200 Jahre zurück. Es wurden zum Beispiel in Lund und Stockholm seit Beginn des 19. Jahrhunderts lokale Luftdruckmessungen aufgezeichnet. Aus diesen Daten leitet man jährliche Verteilungen von räumlichen Luftdruckdifferenzen, von kurzfristigen Druckfällen oder die Häufigkeit sehr niedriger Luftdrücke ab. Abbildung 5 zeigt die jährliche Häufigkeit von Luftdruckmessungen unter 980 hPa für Lund und Stockholm – die dekadischen Schwankungen der Häufigkeit und die Abwesenheit eines langfristigen Trends sind gut zu erkennen (Bärring und von Storch 2004).

Änderungen des Meeresspiegels

In flachen Schelfmeeren haben Schwankungen des Meeresspiegels eine große Auswirkung und hinterlassen eine Fülle von Spuren. An der offenen Küste der südlichen Nordsee hatten vergangene Schwankungen des Meeresspiegels einen großen Einfluss auf die Umwelt, die Sedimente und die Besiedlung und können somit relativ exakt datiert werden (Abb. 6) (Behre 2007).

Vor etwa 5.500 Jahren v. Chr. hat das Wasser die heutigen Küstengebiete von den Nieder-

landen und Deutschland erreicht. Es formte sich eine Barriere aus Inseln hinter der sich das heutige Wattenmeer entwickeln konnte (Behre 2007).

Um die jüngste Entwicklung des Meeresspiegels in der Nordsee zu untersuchen, wurden aus Messwerten unterschiedlicher Pegel in vier Regionen der Nordseeküste in den Niederlanden und Deutschland Mittelwerte errechnet. Der Trend für den Zeitraum von 1900 bis heute schwankt zwischen 0,13 cm/Jahr für die schleswig-holsteinische Nordseeküste und 0,22 cm/Jahr für die holländische Küste (Hofstede 2007). Der Pegel Norderney zeigt mit 0,18 cm/Jahr einen ähnlichen Trend. Die meisten Messstellen der deutschen Nordseeküste liefern keine homogenen Daten, häufig aufgrund wasserbaulicher Maßnahmen – eine Ausnahme ist die relativ störungsarme Forschungsstelle Norderney. Abbildung 7 zeigt den kontinuierlichen Anstieg des Tideniedrig- und Tidehochwassers und den Anstieg des Tidehubs. Der Anstieg des mittleren Wasserstandes beträgt hier etwa 2 dm in 100 Jahren. Dieser Anstieg setzt sich aus einer Erhöhung des Wasserspiegels und einer Landsenkung zusammen und unterlag dabei gewissen Schwankungen. An den Küsten Schleswig-Holsteins

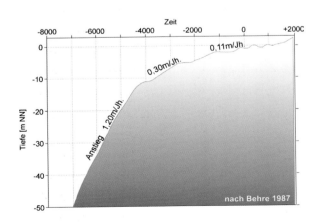

Abb. 6: Anstieg des Wasserspiegels in der südlichen Nordsee in den letzten 7.000 Jahren (nach Behre, aus von Storch 2006).

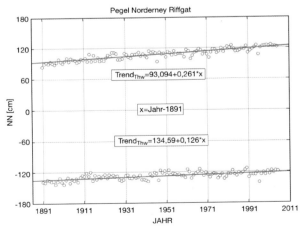

Abb. 7: Änderungen der regionalen Wasserstände und des Tidehubs am Pegel Norderney (nach H.-D. Niemeyer, Norderney, pers. Komm.).

muss mit einer regional unterschiedlichen tektonischen Landsenkung zwischen 0 und 10 cm je Jahrhundert gerechnet werden (MLUR 2009). Mit dem Norderneyer Pegel kann aber nach wie vor kein beschleunigter Anstieg des Meeresspiegels nachgewiesen werden (H.-D. Niemeyer, Norderney, pers. Komm, Abb. 7).

2. Zukünftige Klimaänderungen

2.1 Methodik der Klimamodellierung

Für Aussagen über die zukünftige Entwicklung des Klimas wurden Klimamodelle entwickelt, die zusammen mit verschiedenen Annahmen über die zukünftige Freisetzung von Treibhausgasen in die Atmosphäre (Emissionsszenarien[1]) und anderen Randbedingungen (wie etwa der Sonnenleistung) mögliche Temperaturerhöhungen ermitteln und die dadurch angestoßenen Klimaänderungen bis zum Ende dieses Jahrhunderts abschätzen. Dabei wurden für einen hundertjährigen Zeitraum Klimaelemente wie Temperatur, Niederschlag, Luftdruck und Wasserdampf simuliert unter der Annahme einer für möglich gehaltenen Konzentration von Treibhausgasen (Szenario). Die Modelle beschreiben die physikalischen Prozesse des Erdsystems und berechnen sie so real wie möglich. Um die Güte dieser Modelle einzuschätzen, werden sie zunächst für die Berechnung des vergangenen Klimas eingesetzt und mit Messungen validiert. Für diese Validierungsläufe wird bevorzugt eine Zeitperiode gewählt, für die weltweit zahlreiche klimarelevante Aufzeichnungen vorliegen (IPCC 2007).

Globale Modelle haben eine grobe räumliche Auflösung mit der sich nur sehr eingeschränkt Aussagen zu regionalen Details treffen lassen. Um regionale Aussagen zu machen, wird ein Ausschnitt aus der Atmosphäre gewählt für den die Auflösung verfeinert wird, da regionale Klimacharakteristika stark von kleinskaligen Einflüssen wie komplexem Gelände, Landnutzung, Wasser/Land-Verteilung oder Schneebedeckung abhängen. Dieser Prozess des Regionalisierens wird als „Downscaling" bezeichnet, bei dem globale Klimaszenarien mit Hilfe von dynamischen und/oder empirisch-statistischen Methoden verfeinert werden. Statistische Methoden beziehen sich auf gemessene Daten, mit der dynamischen Methode hingegen werden regionale numerische Modelle in globale Modelle eingebettet. Das heißt, die Randbedingungen für die regionale Berechnung liefert das globale Modell. Das regionale Klima wird also unter Berücksichtigung der globalen Informationen und der regionalen und lokalen Gegebenheiten begerechnet.

Wie oft angenommen, liefern Klimaszenarien nicht eindeutige Ergebnisse für die zukünftige Entwicklung. Die von den Modellen errechneten Beschreibungen für die Zukunft sind keine Vorhersagen, sondern alternative zukünftige Beschreibungen, deren Wahrscheinlichkeit nicht angegeben werden kann. Sie hängen davon ab, wie sich der Ausstoß von Treibhausgasen in Zukunft entwickeln wird und wie die natürlichen Schwankungen des Klimas verlaufen. Viele der eingehenden Rahmenbedingungen wie Bevölkerungswachstum, ökonomische und soziale Entwicklung oder Ressourcenverbrauch lassen sich nicht exakt vorhersagen. Aber selbst wenn alle Randbedingungen im Detail bekannt wären, ebenso wie Parameter die durch den Klimawandel direkt beeinflusst werden (Atmosphäre, Wasserkreislauf, Biosphäre), wäre eine exakte Prognose wegen der internen, natürlichen Va-

---

[1] Eine Reihe von Emissionsszenarien wurden im „IPCC Special Report on Emission Scenarios" (SRES) veröffentlicht. Neben Veränderungen der Emissionen beschreiben sie auch mögliche Entwicklungen zukünftiger Landnutzung. Weitere Informationen zu den SRES Szenarien sind unter *www.ipcc.ch* zu finden.

riabilität des Klimasystems nicht machbar. Es können deshalb immer nur Spannbreiten angegeben werden, in denen sich die möglichen Änderungen für Gebiete bewegen, die von mehreren Modellgitterpunkten abgedeckt werden. Alle Modelle stimmen jedoch darin überein, dass die Temperaturen und der globale mittlere Wasserstand steigen. Es lassen sich außerdem Trends zu mehr Extremereignissen wie Sturmfluten und nächtlichen Tropen- aber weniger Frosttagen erkennen (Woth und von Storch 2008, Harmeling et al. 2008).

Angesichts der möglichen Temperaturerhöhung stellt sich allerdings die Frage, ob es in Zukunft zu abrupten Klimaänderungen kommen kann. Solche nicht-linearen Prozesse im Klima-

system werden als „Kipp-Elemente" bezeichnet. Der Begriff steht für ein Systemverhalten, bei dem nach Überschreiten eines bestimmten Schwellenwertes eine Eigendynamik einsetzt, die nur selten steuerbar oder umkehrbar ist. Noch bestehen große Unsicherheiten über die Existenz und der Bestimmung dieser Temperaturschwellen. Es gibt Wissenschaftler die behaupten, dass die Wahrscheinlichkeit für das Überschreiten von Kipp-Punkten jenseits eines Temperaturanstiegs von 2 bis 3 °C über vorindustriellem Niveau deutlich zunimmt. Daher ist es notwendig, neben den Klimaprojektionen auch solche Risiken im Blick zu haben (Harmeling et al. 2008).

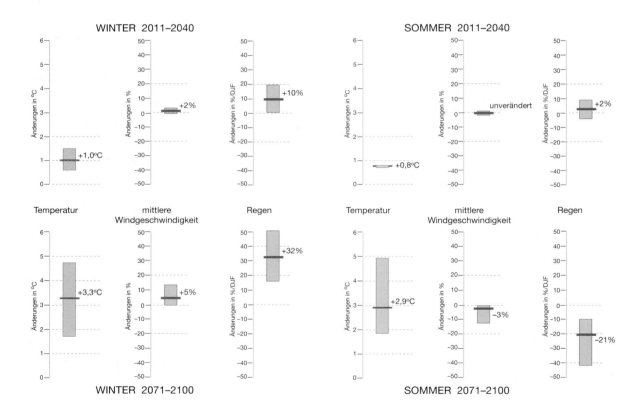

Abb. 8: Regionale Klimaszenarien für die Nordseeküste. Gezeigt werden mögliche Änderungen der Temperatur für die Emissionsszenarien A2 und B2 (Mittel, Minimum, Maximum), der maximalen Windgeschwindigkeiten und der monatlichen Summe der Niederschläge in Norddeutschland (Mittelwerte des Gebietes Schleswig-Holstein, Hamburg, Niedersachsen). Oben: Zeithorizont 2040; Unten Zeithorizont 2100. Rechts: Sommermonate (Juni, Juli, August); Links: Wintermonate (Dezember, Januar, Februar). (Norddeutscher Klimaatlas, www.norddeutscher-klimaatlas.de).

2.2 Regionale Klimaänderungen in Norddeutschland

Im Folgenden wird beschrieben, welche Konsequenzen sich für Norddeutschland aus den beiden Emissionsszenarien A2 und B2 ergeben. Die Simulationen ergaben Abschätzungen zur möglichen Änderung der Temperaturen, Niederschläge und Winde. Eine Auflösung, in der etwa zwischen Kiel und Bremen differenziert werden könnte, ist nicht sinnvoll, da die Gitterauflösung der regionalen Klimarechnungen 50 km beträgt. Es ist auch wichtig, zu bedenken, dass es sich um Szenarien handelt – also mögliche plausible Zukünfte und nicht um Vorhersagen.

Abbildung 8 gibt die möglichen Veränderungen der Temperatur, Niederschlag und Starkwinde für Winter und Sommer und für die Zeithorizonte 2040 und 2100 in Norddeutschland für den Bereich der deutschen Nordseeküste an. Demnach dürfen wir erwarten, dass die durchschnittlichen Temperaturen bis 2040 im Vergleich zum Ende des 20. Jahrhunderts um etwa 0,7 °C bis 0,9 °C im Sommer und 0,6 °C bis 1,5 °C im Winter ansteigen könnten. Ein Temperaturanstieg zwischen 1,8 °C und 5,0 °C im Winter bzw. 1,8 °C und 5,1 °C im Sommer scheint bis zum Ende des 21. Jahrhunderts möglich.

Verglichen zu heute ist diesen Szenarien zufolge im Winter mit einem Zuwachs der monatlichen Regenmengen zwischen +1 % bis +20 % bis 2040 und zwischen +16 % bis +51 % bis 2100 zu rechnen. Für den Sommer deutet sich eine Änderung der Regenmengen zwischen -4 % bis +9 % bis 2040 und zwischen -10 % bis -42 % und bis 2100 an.

In einigen Szenarien weisen die mittleren Windgeschwindigkeiten an der Deutschen Nordseeküste im Sommer auf eine geringfügige Abnahme hin. Im Winter ist bis zum Ende des 21. Jahrhunderts verglichen zu heute eine Zunahme bis 14% plausibel (Norddeutscher Klimaatlas, *www.norddeutscher-klimaatlas.de*).

Mögliche Änderung der Wasserstände und im Auftreten von Sturmflutereignissen

An der Nordseeküste tritt etwa alle 12 Stunden und 25 Minuten eine Erhöhung des mittleren Wasserspiegels ein: die Flut. Um von einer Sturmflut zu sprechen, muss ein bestimmter Wasserstand überschritten werden. Ursachen dafür können meteorologische Bedingungen sein. Bei Wetterlagen mit über einige Stunden andauernden hohen Windgeschwindigkeiten aus westlichen und nördlichen Richtungen können infolge des Windeinflusses zusätzliche Wassermassen an der deutschen Nordseeküste aufgestaut werden und eine Sturmflut erzeugen. Der Windstau verhält sich umgekehrt proportional zur Wassertiefe. Somit laufen insbesondere an flachen Küstenabschnitten und bei Winden aus nordwestlicher Richtung die Wassermassen hoch auf. Die eigentliche Sturmfluthöhe ergibt sich aus dem Zusammentreffen von Windstau, der Tidephase und dem Einfluss von Fernwellen. So sind hohe Sturmfluten zu erwarten, wenn hoher Windstau über einige Stunden anhält und damit auch zum Zeitpunkt des astronomischen Tidehochwassers die Wassersäule zusätzlich erhöht.

Der Wasserstand an einem Ort hängt also von folgenden Komponenten ab: 1. dem mittleren Meeresspiegel, 2. von den regionalen Windverhältnissen, die die Windstauereignisse hervorrufen, 3. den astronomischen Gezeiten sowie 4. der regionalen Küstenmorphologie. Die Entwicklung zukünftiger Sturmfluten hängt damit im Wesentlichen von dem a) Ausmaß des Anstiegs des mittleren Meeresspiegels sowie der b) Charakteristik möglicher Änderungen der regionalen Windverhältnisse ab. Aber auch mögliche Änderungen der Gezeiten, der Morphologie und von Fernwellen können Auswirkungen haben, die wir noch nicht kennen. Abbildung 9 zeigt die möglichen Änderungen des globalen Meeresspiegels für verschiedene IPCC Szenarien bis zum Ende dieses Jahrhunderts (IPCC 2007).

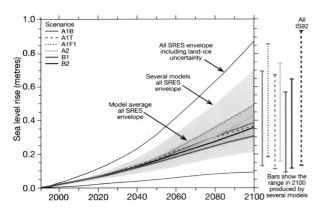

Abb. 9: Verschiedene Szenarien für einen globalen Meeresspiegelanstieg bis zum Ende dieses Jahrhunderts (IPCC 2007).

Daneben spielen an der Küste und den Ästuaren auch wasserbauliche Maßnahmen eine Rolle, die die morphologischen Gegebenheiten verändern wie z.B. das Ausbaggern der Fahrrinne. An den Pegeln ist also nicht nur die Schwankung der Wasserstände aufgrund von natürlichen und anthropogenen Klimaänderungen abzulesen, sondern es erfolgt meistens eine Überlagerung des Signals durch diese direkten Eingriffe. Nur selten gibt es homogene, also ungestörte Pegelaufzeichnungen (Woth und von Storch 2008). Tektonische Hebungen und Senkungen der Landmassen sind weitere Prozesse die unabhängig vom anthropogenen Klimawandel die Höhe des Meeresspiegels beeinflussen können. Im Bereich der Deutschen Bucht sind die Verhältnisse jedoch relativ stabil und die Landmassen senken sich weniger als 1 cm pro Jahrhundert ab (Behre 2007).

Erhöht sich der mittlere Meeresspiegel durch die thermische Ausdehnung und das Abschmelzen von kontinentalen Eismassen, werden sich auch die Scheitel zukünftiger Sturmflutwasserstände erhöhen. Heutige Schätzungen gehen von einem mittleren Meeresspiegelanstieg von 2 bis 6 dm bis zum Ende des Jahrhunderts verglichen zu heute aus (IPCC 2007). Berücksichtigt man eine sich möglicherweise verstärkende Eisdynamik, erscheint ein Anstieg des globalen mittleren Meeresspiegels von etwa 2 bis 8 dm bis zum Ende des Jahrhunderts möglich. Randmeere wie die Nordsee, können infolge von Änderungen in der Dichte sowie Änderungen in der Zirkulation einen abweichenden, d.h. im Vergleich zum globalen Mittel, unterschiedlichen Anstieg zeigen.

Das Abschmelzen von Teilen des Grönländischen Eisschildes ist die größte Quelle von Unsicherheiten was die Abschätzung des Anstiegs des mittleren globalen Wasserstandes betrifft. Bei einem vollständigen Abschmelzen des Eisschildes ist mit einem zusätzlichen Betrag von 6 bis 7 m im globalen Mittel zu rechnen, im Regionalen aber ergeben sich massive Unterschiede wegen der damit verbundenen Änderung der Massenverteilung. Diese Größenordnung ist aber nicht auf der Zeitskala von einigen Dekaden sondern auf der einiger Jahrhunderte zu erwarten und setzt voraus, dass es keine nennenswerte Reduktion der Treibhausgasemissionen geben und kein Kipppunkt überschritten wird (Woth und von Storch 2008).

Sturmflutstatistiken gibt es für viele Orte entlang der Nordseeküste schon für lange Zeiten. Üblicherweise liegen diese als Abweichungen von astronomischen Tidehochwässern vor. Diese Zeitreihen reflektieren meteorologische und ozeanographische Faktoren – also die Zirkulation in der Nordsee, den Windschub und den Luftdruck.

Für mögliche Änderungen des Windstaus sind hauptsächlich die bodennahen Windcharakteristika entscheidend. Die Klimaprojektionen zukünftiger Emissionsszenarien weisen auf einen Anstieg in den hohen Windgeschwindigkeiten regional über dem Gebiet der Nordsee hin. Für die Nordsee und weite Teile Europas erscheint eine Steigerung der bodennahen Starkwinde zum Ende des Jahrhunderts um 7,5 % in den Wintermonaten plausibel. In m/s ausgedrückt entspricht das einer Zunahme zwischen 0,3 und 1,0 m/s-1, verglichen zu heute. Dieses sehr

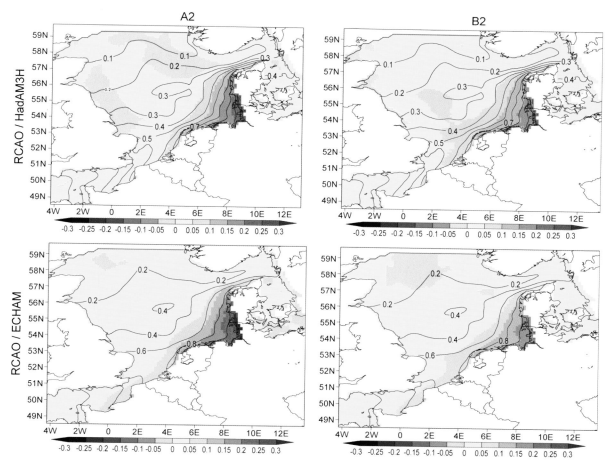

Abb. 10: Erwarteter Effekt veränderter Sturmtätigkeit über der Nordsee auf die Windstauhöhen. Atmosphärischer Antrieb: zwei unterschiedliche Emissionsszenarien. A2 in der linken Spalte und B2 in der rechten Spalte. Die Zeilen zeigen die jeweiligen regionalen Klimarechnungen mit Antrieben von zwei verschiedenen globalen Klimamodellen. Regionalisiert wurde mit dem regionalen Atmosphärenmodell des SMHI (Schwedisches Institut für Hydrologie und Meteorologie). Das Sturmflutmodell der GKSS berechnet aus der regionalen Atmosphäre schließlich die Wasserstände. Dargestellt ist die Änderung der Erwartung hoher Wasserstände (99,5 Perzentiel) (Farbskala) im Vergleich zur heutigen Sturmflutklima Situation (Isolinien). Einheit: Meter (aus Woth und von Storch 2008).

schwache Anstiegssignal von Starkwindgeschwindigkeiten liegt in kürzeren Zeitabschnitten wie Jahrzehnten unterhalb der Nachweisgrenze. Deshalb ist es stimmig, wenn wir derzeit kein nachweisbares, dem anthropogenen Klimawandel zuzuordnendes, Signal im Starkwind finden können.

Abbildung 10 stellt vier Beschreibungen möglicher Änderungen hoher Windstauhöhen (Farbskala) bis zum Ende des Jahrhunderts (2070 bis 2100) im Vergleich zu heute (1961 bis 1990) (Isolinien) dar. Es zeigt sich, dass alle vier

Simulationen ein ähnliches Muster aufweisen. Demnach sind an der deutschen Nordseeküste bis zum Ende des 21. Jahrhunderts verglichen zu heute ein Anstieg des Windstaus von 2 ± 1 dm zu erwarten. Da Sturmfluten durch den zu erwartenden Meeresspiegelanstieg verglichen zu heute auf einem 5 ± 3 dm höheren Niveau entstehen, können sie insgesamt bis zum Ende des Jahrhunderts 7 ± 4 dm höher auflaufen als heute. Wie in Abbildung 10 zu erkennen, erlauben die vier Projektionen statistisch keine Unterscheidung der Emissionsszenarien. Das heißt für die Entwicklung der Sturmfluthöhen macht es keinen erkennbaren Unterschied, ob die Treibhausgaskonzentrationen auf ein A2 oder B2 Niveau steigen.

Neben einem Anstieg der absoluten Höhen ist aber auch mit einer Zunahme der Andauer der Sturmfluten im Bereich der Deutschen Bucht zu rechnen. Hoher Windstau würde dann dort nicht im Mittel 7 bis 8 Stunden am Deich stehen sondern 2 bis 3 Stunden länger. Dies erhöht zum einen die Chance des Zusammentreffens eines hohen Windstauereignisses mit dem Gezeitenmaximum und somit einer tatsächlichen Sturmflut und zum anderen erhöht sich die Belastungsdauer auf die Deiche (Woth und von Storch 2008).

3. Zusammenfassung

Mit vielfältigen Methoden lassen sich Rückschlüsse auf das vergangene Klima ziehen. Diese Rückschlüsse zeigen, dass sich das Klima zwar schon immer geändert hat und Klimawandel somit kein grundsätzlich neues Phänomen unserer Zeit ist. Außergewöhnlich ist allerdings die starke Geschwindigkeit dieser Änderungen in den letzten Jahren, die am besten durch den starken Anstieg von Treibhausgasen in der Atmosphäre seit Beginn der Industrialisierung erklärt wird. Um diese Klimaänderungen in die Zukunft zu projizieren, werden Klimamodelle erstellt, die es erlauben, Aussagen über mögliche zukünftige Änderungen des Klimas unter Berücksichtigung verschiedener Treibhausgasszenarien zu machen. Dabei lassen sich sowohl Aussagen zu globalen als auch zu regionalen Änderungen treffen. Es hat sich gezeigt, dass die Modelle viele Aspekte einer zukünftigen Entwicklung ähnlich beschreiben. So ist allen Simulationen gemein, dass es deutlich wärmer wird.

Die Mehrzahl der heute verfügbaren Klimamodelle lassen für Norddeutschland zum Ende dieses Jahrhunderts eine Verschiebung von einem gemäßigten Küstenklima hin zu einem mehr südeuropäischen Klimatyp erwarten. Dies gründet auf einer Erwärmung zu allen Jahreszeiten und abnehmenden Niederschlägen im Sommer sowie zunehmenden Niederschlägen in den übrigen Jahreszeiten. Außerdem ist mit einer Beschleunigung des Meeresspiegelanstiegs zu rechnen und etwas höhere Windgeschwindigkeiten gelten auch als wahrscheinlich.

Die Szenarien sind mit einer gehörigen Portion Vorbehalt zu verwenden – es handelt sich eben um Szenarien, also um mögliche Zukünfte und nicht um Vorhersagen. Es werden auch Unschärfen angegeben, die die Bandbreite darstellen, die durch die Verwendung verschiedener sozio-ökonomischer Szenarien (also: entsprechende Freisetzung von Treibhausgasen) und die Verwendung verschiedener Klimamodelle entsteht.

Die Nützlichkeit der Szenarien besteht im wesentlichen darin, schon jetzt die Fragen von morgen zu formulieren – dies werden im wesentlichen Fragen der Anpassung an jenen Klimawandel sein. Insbesondere geht es darum, die der Gesellschaft verfügbaren Optionen auszuloten und dies muss im Zusammenspiel von Praktikern in Behörden, Politik und Wirtschaft und von Klimaforschern geschehen.

Literatur

BÄRRING, L. & H. VON STORCH (2004), Scandinavian storminess since about 1800, Geophys. Res. Lett., 31, L20202, doi:10.1029/2004GL020441.

BEHRE, K.-E. (2007): A new Holocene sea-level curve for the southern North Sea, Boreas, Vol. 36 (1), 82-102.

DEUTSCHER WETTERDIENST 2009: Der Klimareport 2008, Offenbach.

GERSTENGARBE, F.-W. & P. C. WERNER (2007): Der rezente Klimawandel. In ENDLICHER, Wilfried & Friedrich-Wilhelm GERSTENGARBE: Der Klimawandel – Einblicke, Rückblicke und Ausblicke, Humboldt-Universität zu Berlin, 34-43.

HARMELING, S., C. BALS, D. FRIEDRICHS, M. FLIEGNER, M. BERG, L. BERGMANN, G. KIER, B. HARMELING & B. SCHINKE (2008): Globaler Klimawandel. Bildungshaus Schulbuchverlage Westermann Schroedel Diesterweg Schöningh Winklers GmbH, Braunschweig.

HOFSTEDE, J. (2007): Entwicklung des Meeresspiegels und der Sturmfluten: Ist der anthropogene Klimawandel bereits sichtbar? in Gönnert, G., B. Pflüger & J.-A. Bremer: Von der Geoarchäologie über die Küstendynamik zum Küstenzonenmanagement, Coastline Reports 9 (2007), 139 - 148.

IPCC (2007): Vierter Sachstandsbericht des IPCC: Klimaänderung 2007 - Zusammenfassung für politische Entscheidungsträger. Original herausgegeben von IPCC, WMU/UNEP.

LANDERER, F., J. H. JUNGCLAUS & J. MAROTZKE (2007): Regional Dynamic and Steric Sea Level Change in Response to the IPCC-A1B Scenario, J. Phys. Oceanogr, 37 (2), 296-312.

MLUR MINISTERIUM FÜR LANDWIRTSCHAFT, UMWELT UND LÄNDLICHE RÄUME SCHLESWIG-HOLSTEIN (2009): Klimawandel und Konsequenzen für den Küstenschutz in Schleswig-Holstein, Abrufbar unter : http://

www.schleswig-holstein.de/UmweltLandwirtschaft/DE/WasserMeer/09__KuestenschutzHaefen/05__KlimawandelKonsequenzenSH/ein__node.html (Datum: 15.04.2009).

SCHÖNWIESE, C.-D. (2007): Indizien für den Klimawandel der letzten 100 Jahre. In TETZLAFF, G., H. Karl & G. OVERBECK (Hrsg.): Wandel von Vulnerabilität und Klima: Müssen unsere Vorsorgeinstrumente angepasst werden? Workshop von DKKV (Deutsches Komitee Katastrophenvorsorge) und ARL (Akademie für Raumordnung und Landesplanung). Hannover, 27. - 28. November 2006, 4-15.

SCHÖNWIESE, C.-D. (2008): Der Klimawandel in Vergangenheit und Zukunft – Wissensstand und offene Fragen, Amos International 2 (1), 17-23, abrufbar unter http://www.geo.unifrankfurt.de/iau/klima/Sw_Amos_2008.pdf (Datum 25.05.2009).

STREIF, H. (2002): Nordsee und Küstenlandschaft - Beispiel einer dynamischen Landschaftsentwicklung, Veröffentlichung 20, Akademie der Geowissenschaften zu Hannover e.V., 134-149.

VON STORCH, H., S. GÜSS & M. HEIMANN (1999): Das Klimasystem und seine Modellierung: eine Einführung. Springer-Verlag, Berlin Heidelberg.

VON STORCH, H. (2006): Die Bedeutung der historischen Dimension für die gegenwärtige Klimaforschung, Manuskript für die Nordrhein-Westfälische Akademie der Wissenschaften, Abrufbar unter http://coast.gkss.de/staff/storch/pdf/0612.nrw-akademie.pdf (Datum: 23.02.2009).

VON STORCH, H., I. MEINKE, R. WEISSE & K. WOTH (2008): Regionaler Klimawandel in Norddeutschland, In G. TETZLAFF, H. Karl & G. OVERBECK (Hrsg.): Wandel von Vulnerabilität und Klima: Müssen unsere Vorsorgeinstrumente angepasst werden? Workshop von

DKKV (Deutsches Komitee Katastrophenvorsorge) und ARL (Akademie für Raumordnung und Landesplanung). Hannover, 27. - 28. November 2006, 16-24.

WEISSE, R. & H. VON STORCH (submitted): Storm climate and marine hazards in the Northeast Atlantic and the North Sea, ICES, Abrufbar unter: *http://coast.gkss.de/staff/storch/ pdf/weisse/ices_full_paper.2006.pdf* (Datum: 12.06.2009)

WEISSE, R. & H. VON STORCH (2004): Großräumige Änderungen des Wind-, Sturmflut- und Seegangsklimas in der Nordsee und mögliche Implikationen für den Küstenschutz, in G. Gönnert et al., Klimaänderung und Küstenschutz, Universität Hamburg.

WOTH, K. & H. VON STORCH (2008): Klima im Wandel: Mögliche Zukünfte des Norddeutschen Küstenklimas, Dithmarschen Landeskunde - Kultur - Natur, 1/2008, 20-31.

ZEBISCH, M., T. GROTHMANN, D. SCHRÖTER, C. HASSE, U. FRITSCH & W. CRAMER (2005): Klimawandel in Deutschland Vulnerabilität und Anpassungsstrategien klimasensitiver Systeme, Forschungsbericht 20141253 UBA-FB 000844, Umweltbundesamt Dessau-Roßlau.

Hans von Storch, Julika Doerffer, Insa Meinke
Norddeutsches Klimabüro - Institut für Küstenforschung
GKSS Forschungszentrum
Max-Planck-Straße 1, 21502 Geesthacht
julika.doerffer@gkss.de
http://www.norddeutsches-klimabuero.de

Sturmfluten in der Elbe –
Das Hochwasser- und Bemessungskonzept in Hamburg

Gabriele Gönnert

erschienen in: Hamburger Symposium Geographie, Band 1, Hamburg 2009: 23-33

Klimaänderung, Meeresspiegelanstieg, Risiko aber auch Leben am und mit dem Wasser sowie Lebensqualität sind Begriffe, die mit der Stadt Hamburg verbunden werden. Hamburg, an der Elbe gelegen, ist rund 110 km von der Nordsee entfernt. Für Hamburgs tiefliegende Gebiete bedeutet diese Lage eine Gefährdung von Seiten des Wassers durch zunehmende Naturgefahren in Form von Sturmfluten und zunehmenden Starkregen, die ein Binnenhochwasser produzieren können. Hamburg hat die Aufgabe, angemessene Maßnahmen und Anpassungsstrategien zu entwickeln, um die Bevölkerung vor diesen Gefahren zu schützen. So ist Hamburg für heute und für die Zukunft durch einen guten Hochwasserschutz gesichert, der beständig an die sich ändernden Bedingungen angepasst und erhöht wird.

Das sturmflutgefährdete Gebiet in Hamburg (vgl. Abb. 1) umfasst ein Drittel der Fläche von Hamburg, in der 160.000 Einwohner leben, 140.000 Menschen arbeiten und Werte in Höhe von 10 Millionen Euro vorliegen. Der Schutz vor Überflutungen basiert in Hamburg überwie-

In den tiefliegenden Gebieten Hamburgs ...

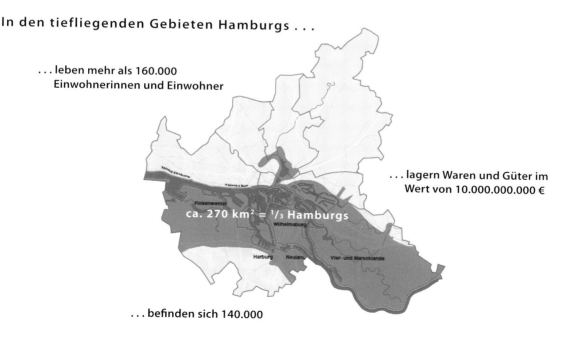

... leben mehr als 160.000 Einwohnerinnen und Einwohner

... lagern Waren und Güter im Wert von 10.000.000.000 €

ca. 270 km² = ⅓ Hamburgs

... befinden sich 140.000

Abb. 1: Das sturmflutgefährdete Gebiet in Hamburg (LSBG 2001)

gend auf einem linienhaften Küstenschutz, der durch Deichbauten, Flutschutzwände, Tore und Sperrwerke gekennzeichnet ist. In besonderen Fällen wird auf das Warftenkonzept oder auf den Objektschutz zurückgegriffen.

Die Hamburg gefährdenden Sturmfluten entstehen in der Nordsee bei nordwestlichen Winden mit hohen Windgeschwindigkeiten und einer länger andauernden Einwirkzeit von mindestens 3 Stunden. Der so entstandene Windstau überlagert die astronomische Tide, die in Cuxhaven einen Tidehub von 3,0 m und in Hamburg von 3,5 m hat. Die in Cuxhaven ankommende Sturmflut benötigt von dort bis Hamburg St. Pauli rund 2,5 bis 4 Stunden. Die abnehmende Tiefe und Breite des Flussbettes im Ästuar führt zu einer erhöhten Reibung. Auf Grund dessen verändert sich die Sturmflut in ihrer Form und Scheitelhöhe entlang der Elbe. In geringem Umfang beeinflusst auch der Wind über der Elbe noch einmal die Höhe des Wasserstandes. Die Folge ist in der Regel eine Erhöhung der Sturmflut von Cuxhaven bis Hamburg von im mittel 110 cm, die Spannbreite reicht jedoch von wenigen Dezimetern bis 170 cm. Die anthropogenen Eingriffe im Ästuar führen zu stetig neuen Veränderungen der Sturmfluten, so dass für den Sturmflutschutz in Hamburg zunächst eine Bemessungssturmflut in Cuxhaven ermittelt wird. In einem numerischen Modell wird diese für Cuxhaven simuliert und auf Grundlage der neuesten Topographie die Elbe bis Geesthacht gerechnet. Die Berechnung liefert dann die Bemessungswerte für jeden Ort an der Elbe bis Hamburg Geesthacht.

1. Konzept des Sturmflutschutzes in Hamburg

Ziel des Sturmflutschutzes in Hamburg ist die Gewährleistung einer gleichen, größtmöglichen Sicherheit an allen überflutungsgefährdeten Bereichen der Stadt. Die Grundlage für diese Sicherheitsbetrachtung bildet der Bemessungswasserstand, abgeleitet aus einer definierten Bemessungssturmflut. Ein Küstenschutz, orientiert am „abwehrenden" Bemessungswasserstand, führt in der Regel zu einem linearen Küstenschutz (Giszas 2004). Er berücksichtigt zumindest in einem Teilbereich die Klimaänderung über den prognostizierten Meeresspiegelanstieg.

Hamburg hat die Ergebnisse seiner Sturmflutforschung in die Festlegung der Bemessungssturmflut mit stromauf ansteigenden Bemessungswasserständen eingebracht, die am Pegel St. Pauli einen Wert von NN +7,30 m ausweisen. Auf der Grundlage mehrjähriger wissenschaftlicher Untersuchungen an verschiedenen Instituten wurde ein neues Bemessungskonzept entwickelt, das auf der Grundlage des Bemessungswasserstandes die Wellenwirkung bei Sturmfluten differenziert berücksichtigt. Anstelle von Hochwasserschutz durch gleiche Höhe wird „Hochwasserschutz durch gleiche Sicherheit" als Schutzziel definiert. Die Grundlagen, wie Sollhöhenbestimmung, Berechnungsansätze, konstruktive Anforderungen und bauliche Möglichkeiten zur Reduzierung des Wellenauflaufes, flossen in technische Vorschriften ein.

Obwohl der Bemessungswasserstand eine sehr hohe Sicherheit gewährleistet, gibt es immer auch jenes Ereignis, dass ihn überschreiten kann, wenn auch mit rechnerisch extrem kleinen Wahrscheinlichkeiten. Hier liefern der Katastrophenschutz und die Deichverteidigung mit Evakuierungsplänen für überflutungsgefährdete Gebiete hinter dem öffentlichen Hochwasserschutz einen wichtigen, zusätzlichen Beitrag für die Sicherheit der Bevölkerung. Auch in Hinblick auf die Klimaänderung bedeutet das Vorhandensein von Evakuierungsplänen eine zusätzliche Sicherheit der Bevölkerung. Ergänzend wird in der Sturmflutbeobachtung und Sturmflutforschung die Klimaveränderung einbezogen und berücksichtigt.

Die Anpassung des Sturmflutschutzes an die Sturmflutentwicklung ist ein besonderes Anliegen der hamburgischen Politik. So wurden nach 1962 in Hamburg neue leistungsfähige Deiche und Hochwasserschutzwände gebaut und auf die Hauptdeichlinie auf heute 100 km verkürzt. Nach 1976 wurde der öffentliche Hochwasser-schutz durch einen privaten Hochwasserschutz ergänzt, dessen Bau zu 75% staatlich gefördert wurde. Auch die HafenCity, mit ihren Wohn- und Bürogebäuden vor dem öffentlichen Hochwasserschutz liegend, bedarf des Schutzes vor Sturmflutgefahren.

Das Sturmflutschutzkonzept in Hamburg basiert im Prinzip auf den drei Säulen (vgl. Abb. 2):

Abb 2: Gliederung des Sturmflutschutzes in Hamburg (Müller 2008)

1. *Der vorbeugende Hochwasserschutz umfasst die Risikobetrachtung für Hamburg und beantwortet damit die Frage, welche Sicherheit für Hamburg benötigt wird. Hier werden die hydrologischen Untersuchungen zu Sturmfluten, Oberwasser, Wellen und Klimaänderung erstellt. Enthalten ist in dieser Arbeit die Entwicklung der Bemessungskonzepte, die im Rahmen der Länderarbeitsgruppe mit den Anrainerländern diskutiert und abgestimmt werden.*
   Die Risikokommunikation mit der Vorhersage, den Broschüren zu den Überflutungsgebieten und den Evakuierungsplänen, dem Internet und den Medien ist ein wichtiger Beitrag zur Erhaltung der Risikowahrnehmung und der Kenntnis zum richtigen Handeln im Katastrophenfall.
   Die konstruktive Ausbaureserve ist ein Vorsorgemaß, das bei technischen Bauten in der Konstruktion die Möglichkeit der Erhöhung einkalkuliert.

2. *Der technische Hochwasserschutz umfasst die baulichen Anlagen (vgl. Kapitel 2).*

3. *Der operative Schutz umfasst die Deichschau über den Zustand und die Erhaltung der Deiche, den Sturmflutwarndienst, das Katastrophenmanagement und die Deichverteidigung.*

2. Der technische Hochwasserschutz

2.1 Der öffentliche Hochwasserschutz

Der öffentliche, linienhafte Hochwasserschutz in Hamburg umfasst die Hauptdeichlinie. Sie schützt in erster Linie die Bevölkerung. Er besteht auf 77,5 km aus Deichen und auf 22,5 km aus Hochwasserschutzwänden. Zusammen mit 6 Sperrwerken, 6 Schleusen, 27 Schöpfwerken und Deichsielen sowie 30 Toren (Gatts) schützen sie die Stadt und schotten die Nebenarme der Elbe ab. Die Schutzhöhen liegen zwischen NN +7,20 m und 9,25 m. Die Höhendifferenzen sind mit dem Konzept des Sturmflutschutzes zu erklären, dass von gleicher Sicherheit aber nicht von gleicher Höhe ausgeht. Infolgedessen wird die Höhe der Anlagen nach den örtlichen Gegebenheiten und Erfordernissen schwanken, was insbesondere im Zusammenhang mit der Wellenauflaufhöhe zu sehen ist.

Der Hochwasserschutz in einem dicht besiedelten, urbanen Umfeld gestaltet sich zum Teil schwierig. Vielerorts müssen aufgrund der beengten Platzverhältnisse oder der besonderen Nutzung angepasste technische Lösungen gefunden werden. Im Innenstadtbereich und in Finkenwerder sind Uferkonstruktionen gleichzeitig Hochwasserschutzanlage und Promenaden. Gatts ermöglichen hier den Zugang zu den Landeanlagen und Hafenfähren.

Die Besonderheiten, Lösungen für eine Großstadt am Wasser wie Hamburg zu finden, zeigen sich zudem in Gebieten, die sich vor den Hochwasserschutzanlagen befinden, wie z.B. in der Speicherstadt. Dort werden punktuelle Objektschutzmaßnahmen ergriffen oder es werden, wie in der Hafencity, flächenhafte Lösungen, das sogenannte Warftenkonzept, bevorzugt.

Warftenkonzept

Ein modernes Warftenkonzept im städtischen Bereich sieht anders aus als man es von den Halligen kennt. Die Warft ist hier keine "Insel", sondern wird über hochliegende Fluchtwege an die „hinterm Deich" liegende Innenstadt angebunden und bietet Sicherheit sowohl durch die Erhöhung der Gesamtfläche als auch durch das Angebot von Fluchtwegen zur Evakuierung. Dieses Konzept wird bei steigenden Bemessungswasserständen fortzuschreiben sein.

Die HafenCity, zwischen Norderelbe und öffentlichem Hochwasserschutz der Innenstadt gelegen, wird auf Entwicklungsflächen mit Geländehöhen zwischen NN +4,40 m und NN +7,20 m errichtet und liegt damit im Überflutungsbereich der Elbe. Das Schutzkonzept sieht eine weitgehend flächenhafte Aufhöhung der frei zugänglichen Bereiche in Form von Warften vor. Dies beinhaltet Geländeaufhöhungen wie auch bauliche Maßnahmen, die eine dauerhafte, sturmflutgeschützte Wohn- und Büronutzung sicherstellen. Die Sollhöhen der Flutschutzanlagen in der HafenCity liegen zwischen NN +7,50 m und NN +8,50 m.

Objektschutzmaßnahmen

An den wasserzugewandten Außenseiten der Speicherstadt und der HafenCity bilden im Falle eines Hochwassers teilweise private Häuser die Wasserlinie. Diese Häuser brauchen einen spezifischen Objektschutz, wie auch die Gebäude in anderen hochwassergefährdeten Bereichen des Gebiets. Hierbei geht es um den Schutz vor Oberflächenwasser, eindringendem Grund- und Kanalisationswasser, Unterströmungen sowie Maßnahmen gegen Auftrieb und zum Schutz der Heizungsanlagen.

Bereits vor rund 20 Jahren wurde damit begonnen, den nördlichen Hafenrand unterhalb des Geesthanges einer neuen Nutzung zuzuführen. Der Schutz vor Sturmflutgefahren war von Anfang an sowohl aus städtebaulicher als auch aus wasserbaulicher Sicht ein wichtiges Thema. Für dieses Gebiet existiert kein übergreifendes

Gesamtentwicklungskonzept wie für die Hafen-City. Alternativ ist hier eine Reihe von Einzelkonzepten mit Umnutzung bestehender Gebäude und Neubauten der stadtplanerische Ansatz. Dies führt zu Sturmflutschutzmaßnahmen, die speziell auf die Gebäude abgestellt sind. Gebäude, die im Sturmflutfall der Belastung nicht oder nur bedingt standhalten und aufgrund ihrer Nutzung schnell zu räumen sind, werden durch kontrolliertes Fluten des Erdgeschosses vor Schäden geschützt.

Am weitesten verbreitet ist der Sturmflutschutz direkt am Gebäude. Hier schützen mobile Stahlklappen bzw. verstärktes Glas vor den Fenstern oder Schiebetore vor den Garageneinfahrten die Gebäude vor den eindringenden Wassermassen. Auch eine Brücke zum Elbhang als Fluchtweg im Sturmflutfall gehört zum Konzept.

3. Der vorbeugende Hochwasserschutz

Der vorbeugende Schutz umfasst die Risikoanalyse, die die Fragen der notwendigen Deichhöhe für eine Stadt wie Hamburg ermittelt. Dementsprechend stehen sie in engem Zusammenhang mit den Fragen zu Bemessungskonzepten und Anpassungsstrategien. Gerade für Metropolstädte wie Hamburg, bei denen eine sehr große Anzahl an Menschen und ihre Werte betroffen sind, bedarf es eines mehrdimensionalen Konzepts, das dem zu erwartenden Risiko gerecht wird und die Sicherheit der Menschen auch in Zukunft gewährleistet.

3.1 Risikoanalyse und Hydrologie
Die Fragen, die die Kernthemen der Risikoanalyse umfassen, stellen sich wie folgt dar:

1. Wie kann bemessen werden?

2. Welche Sicherheit benötigt eine Stadt wie Hamburg bzw. welches Restrisiko kann sie ertragen?

2.2 Der private Hochwasserschutz
Der private Hochwasserschutz dient in der Regel dem Schutz von Industrie- bzw. Hafenanlagen aber auch einzelnen Wohnanlagen (wie z.B. Neumühlen). Die privaten Anlagen werden von ihren Eigentümern Instand gehalten und verteidigt.

Der private Hochwasserschutz besteht im Hafen aus 48 Einzel- und Gemeinschaftspoldern sowie drei Sperrwerken, die mit insgesamt 109 km Länge und rd. 2.300 ha Fläche etwa 70% des Hafengebietes vor Sturmfluten schützen. Die privaten Anlagen bestehen aufgrund des geringeren Flächenbedarfes überwiegend aus Spundwand- bzw. Stahlbetonkonstruktionen, die die Umschlags- und Lagereinrichtungen mit einer einheitlichen Höhe von NN +7,50 m schützen. Eingeschlossen sind viele infrastrukturelle Bereiche wie Straßen und Hafenbahnanlagen.

3. Wie kann auf die Klimaänderung reagiert werden? Welche Klimazuschläge werden benötigt?

Ausgangsbasis einer Bemessung ist eine realistische Erkenntnis darüber, welche Bemessungssturmflut unter heutigen Bedingungen vorliegen müsste, um eine für Hamburg ausreichende Sicherheit zu gewährleisten. Das ist deshalb von besonderer Bedeutung, weil:

1. sich die Frage stellt, ob Hamburg unter heutigen Klimabedingungen ausreichend geschützt ist und

2. die Ungenauigkeiten bei den Klimaprojektionen so groß sind, dass eine solide Grundlage vorhanden sein muss, auf die der Klimazuschlag hinzugerechnet werden kann.

Infolgedessen wird hier die Konzentration auf den Bemessungswasserstand gelegt.

3.2 Der Bemessungswasserstand

Die Deichhöhe wird über einen Bemessungswasserstand ermittelt. Laut EAK 2002: „dient der Bemessungswasserstand zur Bemessung von Hochwasserschutzanlagen und kennzeichnet den als maßgebend festgesetzten Sturmflutwasserstand, der im Zusammenhang mit den jeweils ortspezifisch festzulegenden Werten für die Wellenauflaufhöhe bestimmt wird. [...] Diese Anlagen sind daher notwendiger Weise für Extremsituationen auszubauen." Hieraus ergibt sich die Zielvorgabe für die Festsetzung des Bemessungswasserstandes. Die Auswahl eines Bemessungshochwassers bedeutet, dass ein wasserbauliches Projekt bzw. seine Bauten so dimensioniert werden, dass erst im Falle einer Überschreitung dieses Hochwassers bei gleichzeitiger Inanspruchnahme eventueller zusätzlicher Sicherheitsreserven (z.B. Freiboard) mit Schäden gerechnet werden kann (Mosonyi et al. 1976; DVWK 1983).

Lüders und Luck führen 1976 zu dem Begriff Bemessungswasserstand und seiner Berechnung im Detail aus, dass der „maßgebende Sturmflutwasserstand der Bemessungswert für die Hauptdeichlinie (ist), der erforderlich ist, um auch die höchsten Sturmtiden abzuwehren, mit denen aufgrund der Erfahrungen früherer Orkanfluten und unter Berücksichtigung des säkularen Meeresspiegelanstiegs in den kommenden 100 Jahren gerechnet werden muss. Der „Bemessungswasserstand" setzt sich aus ungünstigen Einzelwerten (Windstau, Springerhöhung, säkularer Meeresspiegelanstieg) an einem Pegelort zusammen, er ist also kein bisher beobachteter Tidewasserstand sondern ein errechneter Bemessungswert." (Lüders und Luck 1976)

Ähnlich gibt das Ministerium für ländliche Räume, Landesplanung, Landwirtschaft und Tourismus des Landes Schleswig-Holsteins (MLR S.-H.) an, „dass die Schutzstrategien (...) von der Zielvorgabe aus(gehen), dass die Hochwasserschutzanlagen so auszugestalten (sind), dass sie alle zu erwartenden Hochwasserstände (Sturmfluten) sicher ab(..)wehren. Der Bemessungswasserstand ist somit als abzuwehrender Wasserstand so festzulegen, dass er (...) dem als Sicherheitsstandard definierten Schutzziel genügt." (MLR S.-H 2001)

Über den Begriff des Sicherheitsstandards wird in diesen Ausführungen weiter erläutert, dass „der „Sicherheitsstandard" für die deutschen Küstengebiete (...) sehr hoch (ist), (...) aber keine absolute Sicherheit gewährleisten (kann)". Ergänzt wird die Definition mit dem Begriff der Wahrnehmung mit den Worten: „Da das Gefühl der Sicherheit eine Frage der Wahrnehmung, also subjektiv ist, kann der Sicherheitsstandard – (und) somit auch der darin enthaltene Bemessungswasserstand – nicht allein als ein Ergebnis wissenschaftlich-technischer Untersuchung festgelegt werden." (MLR S.-H. 2001)

Werden diese Definitionen des Bemessungshochwassers um die Definitionen nach den DVWK Merkblättern erweitert, „so wird in den meisten Fällen (...) ein bestimmtes Restrisiko [in der Bemessung verbleiben]. Bei diesem Entscheidungsvorgang zur Auswahl eines bestimmten Bemessungshochwassers sind Kosten und Nutzen im weitesten Sinne, die Sicherheit von Leib und Leben von Menschen, die Beeinflussung von Natur und Landschaft und andere relevante Gesichtspunkte abzuwägen." (DVWK 1983; 1989) Zudem müssen neben dem erwarteten Schaden auch die konstruktiven und administrativen Maßnahmen, sowie die Maßnahmen der Hochwasserverteidigung berücksichtigt werden (DVWK 1989).

Letztere Definitionen werden auch als risikobasierend bezeichnet und haben als Grundlage den Ansatz: Risiko = Eintrittswahrscheinlichkeit x Schadenserwartung. Gerade bei den Planungen zur Reaktion auf die Klimaänderungen wird im Küstenschutz zunehmend dieser risikobasierte Ansatz zur Bemessung hinzugezogen (Gönnert und Bremer 2009).

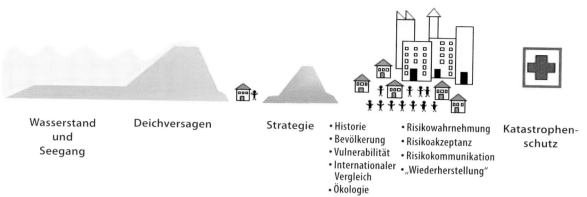

| Wasserstand und Seegang | Deichversagen | | Strategie | • Historie
• Bevölkerung
• Vulnerabilität
• Internationaler Vergleich
• Ökologie | • Risikowahrnehmung
• Risikoakzeptanz
• Risikokommunikation
• „Wiederherstellung" | Katastrophen-schutz |

Abb. 3: Faktoren des Küstenschutzes (Gönnert 2009)

Werden die zu schützenden Situationen an der Küste und in den Ästuaren betrachtet, so enthalten alle Definitionen zusammengefasst die in der Abbildung 3 dargestellten Faktoren:

1. Auf der Seite der abzuwehrenden Naturgefahren sind die Sturmfluten und der Wellenauflauf zu benennen, für die entsprechend der ersten Definitionen ein maßgebender Wasserstand bzw. eine maßgebende Bemessungsturmflut zu definieren sind.

2. Auf der zu schützenden Seite stehen Menschen und ihre Werte, für die es gilt, einen Sicherheitsstandard zu entwickeln.

3. Zwischen diesen beiden Faktoren stehen die Strategien, sich gegen die Naturgefahr zu schützen. Dies erfolgt über die technischen Bauwerke der Küstenschutzanlagen und wird durch ergänzende Strategien wie eine zweite Deichlinie sowie die operationellen Schutzstrategien des Katastrophenstabes und der Deichverteidigung ergänzt.

Werden diese Faktoren umfassend berücksichtigt, muss eine Definition von Bemessung lauten:

Der Bemessungswasserstand ist der für einen Ort berechnete, als „sicher" definierte Wasserstand zur Berechnung der Küstenschutzanlagen. Der Bemessungswasserstand kennzeichnet den als maßgebend festgesetzten Sturmflutwasserstand, der im Zusammenhang mit den jeweils ortspezifisch festzulegenden Werten für die Wellenauflaufhöhe bestimmt wird. Dabei ist der Bemessungswasserstand so festzulegen, dass er dem jeweils definierten Schutzziel genügt.

Das Schutzziel ist als Sicherheitsstandard zu definieren und ist zu unterscheiden nach den spezifischen Randbedingungen eines jeweiligen Ortes. Der Sicherheitsstandard und damit die Höhe des Bemessungswasserstandes sind abhängig von den sich ändernden mittleren Verhältnissen, den zu erwartenden Sicherheiten der Küstenschutzanlagen, der Geländehöhe hinter dem Deich, den zu schützenden Menschen und der Werte ihrer Güter, der Risikowahrnehmung und der Risikoakzeptanz, die u.a. in engem Zusammenhang mit der Historie eines Ortes steht. Zudem hängen die Sicherheit und damit auch die Bemessungshöhe von der Vorhersagegüte und damit von den Möglichkeiten rechtzeitigen Risikomanagements, sprich im Extremfall der Evakuierung, ab.

3.3 Das Bemessungsverfahren

Das derzeitige Verfahren zur Berechnung des Bemessungswasserstandes wurde von einer Arbeitsgruppe der drei Elbanrainer Hamburg, Schleswig-Holstein und Niedersachsen entwickelt und gilt für die Elbe von Cuxhaven bis Geesthacht. Das Verfahren basiert auf der Bestimmung einer maßgeblichen Sturmtidekurve für die Elbmündung (Pegel Cuxhaven), deren Höchstwert den Bemessungswasserstand darstellt (Siefert 1998). Diese Kurve bildet die Grundlage für die Modelluntersuchung, die für jeden Ort an der Elbe einen Bemessungswert berechnet. Hierdurch ist es möglich, die ungünstigsten Wechselwirkung zwischen Tide und Windstau auf dem Weg von Cuxhaven bis Hamburg zu erfassen und zusätzliche Aussagen über Verweildauer hoher Zwischenstände und den zeitlichen Ablauf der Sturmflut zu bestimmen (Gönnert et al. 2007).

Die maßgebliche Sturmtidekurve (vgl. Abb. 4) setzt sich zusammen aus:

- den aktuellen Tideverhältnissen (beschrieben durch die mittlere Tidekurve),
- den Säkularveränderungen, gekennzeichnet im Meeresspiegelanstieg,
- den meteorologischen Einflüssen, im wesentlichen dem Windstau,
- den Einflüssen der Schwingungen in der Nordsee, in erster Linie den Fernwellen,
- ergänzt durch zusätzliche astronomische Einflüsse.

Grundlagen der Bemessungswasserstände an der Tideelbe

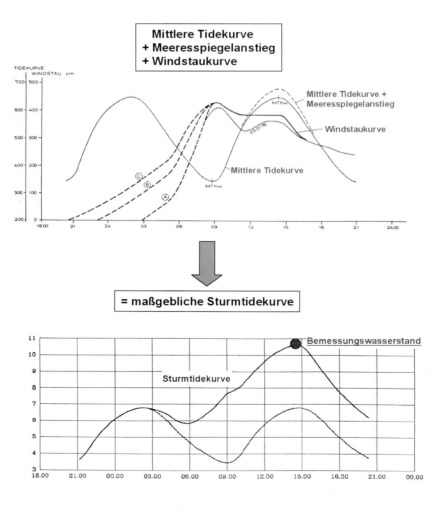

Abb. 4: Maßgebliche Sturmtidekurve für Cuxhaven (Siefert 1998)

Die letzten drei Punkte werden in der Windstaukurve zusammengefasst, deren Beiträge zu rund 90% aus dem Windeinfluss entstehen. Die restlichen 10% bilden die ergänzenden astronomischen Einflüsse (vor allem Spring- und Nipptide) und die Schwingungen der Nordsee. Der Einfluss der Astronomie entsteht durch Berechnung des Windstaus über die mittlere Tidekurve. Diese wird hier gewählt, da sie laut Siefert (1998) das aktuelle Tidegeschehen am besten repräsentiert. Die mittlere Tidekurve wird gebildet aus dem 10 jährigen Mittel.

Zur Bestimmung der extremen Windstaukurve werden die Sturmflutverläufe in Cuxhaven seit 1900 ausgewertet und die Windstaukurven aller hohen Sturmfluten des 19. Jahrhunderts zusätzlich herangezogen. Der entscheidende Parameter ist das Windstaumaximum, das bei Tidehochwasser (Thw) bislang 375 cm am 16./17.2.1962 erreichte und 430 cm bei Tideniedrigwasser (Tnw) am 23.12.1894. Die Wechselwirkung zwischen Tide und Windstauentwicklung bewirkt, dass der Windstau bei Thw rund 90% der Höhe des Wertes bei Tnw erreicht. Für die maßgebliche Windstaukurve wird deshalb der bisher höchste Windstau erfasst und auf die Bedingungen bei Thw übertragen. Wird der Stauwert von 430 cm bei Tnw auf die Situation bei Thw übertragen, ergibt sich eine Höhe von 385 cm. Der weitere Verlauf der Windstaukurve wird rekonstruiert aus einem sehr schweren Sturmflutverlauf in Annäherung an die Sturmflut vom 3.1.1976, deren Verlauf erhöht und verlängert wurde.

Die Säkularentwicklung wird anhand der Trendentwicklung in Cuxhaven festgelegt. In Cuxhaven liegen folgende Trendverläufe vor:

1850 bis 1998:   *22 cm/Jh im MThw*

                  12 cm/Jh im Mtnw

                  10 cm/Jh im MThb

1900 bis 2003:   *23 cm/Jh im MThw*

                  6 cm/Jh im MTnw

                  17 cm/Jh im MThb

Es wird deshalb ein Säkulartrend von 30 cm/Jh im Hochwasser und 0 cm/Jh im Niedrigwasser berücksichtigt. An dieser Stelle wird zur Berücksichtigung des Säkulartrends eine „long-term"-Betrachtung angestellt und in der Klimaentwicklung berücksichtigt.

Neben den genannten Faktoren ist der Oberwasserzufluss eine wichtige Einflussgröße. Er spielt vor allem im Bereich der schmalen Elbrinne oberhalb des Hamburger Stromspaltungsgebietes eine wichtige Rolle. So führt eine Erhöhung des Oberwasserzuflusses (gemessen am Pegel Neu Darchau) um 1000 m³/s zu einer Erhöhung des Sturmflutscheitels um 25 cm. Es wurde deshalb für die Bemessungssturmflut ein sehr hoher Oberwasserabfluss von 2200 m³/s festgelegt. Stromab von Hamburg spielt der Oberwassereinfluss nur noch eine geringe Rolle (Rudolph 2004; Gönnert et al. 2005).

Die so ermittelten Werte werden einem numerischen Modell als Eingangsgröße vorgegeben. Das numerische Modell kann anhand der neuesten Topographie, die bereits die anthropogenen und die natürlichen Veränderungen erfasst, für jeden Ort entlang der Elbe einen eigenen Bemessungswert ermitteln. Sie steigen von Cuxhaven mit 6,65 m NN bis Hamburg auf eine Bandbreite von 7,20 m NN bis 9,25 m NN an. Diese Werte sind jedoch noch nicht die endgültigen Höhen der Hochwasserschutzanlagen. Zusätzlich wird für jeden Ort die Wirkung des Seegangs (Auflauf/Reflexion etc.) berücksichtigt. Erst beide Werte zusammen bilden dann die Höhe der Hochwasserschutzanlagen.

Die Bemessungswerte werden alle 10 Jahre überprüft. Die letzte Überprüfung erfolgte 2007, die die derzeitige Bemessungshöhe bestätigte (Gönnert et al. 2007). Um für die Zukunft einen hohen Sicherheitsstandard beizubehalten, wird kontinuierlich geprüft, inwieweit die Werte dem neuesten Kenntnisstand entsprechen und dementsprechend weiter entwickelt.

4. Zusammenfassung

Der Küstenschutz in Hamburg basiert auf den Säulen „vorbeugender Hochwasserschutz", „Technischer Hochwasserschutz" und „operativer Schutz". Damit folgt man dem Grundprinzip: Gewährleistung der größtmöglichen und gleichen Sicherheit an allen Orten der Stadt. Sie wird gewährleistet durch einen Küstenschutz, basierend auf einem definierten Extremereignis, dem Bemessungswasserstand. Der technische Hochwasserschutz umfasst die Hochwasserschutz- und Flutschutzanlagen sowie Gebäude mit Objektschutz, die häufig vor dem öffentlichen HWS – auch Hauptdeichlinie genannt – liegen. Der vorbeugende Sturmflutschutz umfasst die Risikobetrachtung und beantwortet die Frage, welche Sicherheit für Hamburg notwendig ist. Hier werden die hydrologischen Untersuchungen zu Sturmfluten, Oberwasser, Wellen und Klimaänderung erstellt. Enthalten ist in dieser Arbeit die Entwicklung der Bemessungskonzepte.

Literatur

ANNUTSCH, R. (1977): Wasserstandsvorhersage und Sturmflutwarnung. In: Der Wetterlotse, Nr. 393/394, 122-141.

AUSSCHUSS DER „KÜSTENSCHUTZWERKE" DER DEUTSCHEN GESELLSCHAFT FÜR ERD- UND GRUNDBAU E.V. sowie der HAFENBAUTECHNISCHEN GESELLSCHAFT E.V. (1981): Empfehlungen für die Ausführung von Küstenschutzwerken - EAK 1981. In: Die Küste, Heft 36, Heide in Holstein: Boysens & Co, 1-320.

DEUTSCHER VERBAND FÜR WASSERWIRTSCHAFT UND KULTURBAU (DVWK) / Fachausschuss Niedrigwasser (1983): Statistische Untersuchung des Niedrigwasser-Abflusses. DVWK-Regeln zur Wasserwirtschaft. Hamburg, Verlag Paul Parey.

DEUTSCHER VERBAND FÜR WASSERWIRTSCHAFT UND KULTURBAU (DVWK) (1989): Wahl des Bemessungshochwassers. Entscheidungswege zur Festlegung des Schutz- und Sicherheitsgrades. DVWK 209/1989. Hamburg, Verlag Paul Parey.

GISZAS, H. (2004): Sturmflutschutz: Herausforderung und Sicherheitskonzepte. In: Hansa (141), Heft 2, 47-51.

GÖNNERT, G. (2003): Sturmfluten und Windstau in der Deutschen Bucht. Charakter, Veränderungen und Maximalwerte im 20. Jahrhundert. In: Die Küste, Heft 65, Heide in Holstein: Boysens & Co, 185-365.

GÖNNERT, G. (2009): Faktoren des Küstenschutzes. Abbildung, Landesbetrieb für Straßen, Brücken und Gewässer.

GÖNNERT, G. & U. FERK (2000): Sturmflutschutz angesichts von globalem Klimawandel und anthropogenen Einflüssen dargestellt am Beispiel von Deutscher Bucht und Elbe. In: Blotevogel, H., J. Ossenbrügge & G. Wood (eds.): Lokal verankert – weltweit vernetzt. Stuttgart, 163-170.

GÖNNERT, G., S.K. DUBE, T.S. MURTY und W. SIEFER (2001): Global Storm Surges: Theory, Observations and Applications. (= Die Küste, Heft 63) Heide in Holstein: Boyens & Co.

GÖNNERT, G., H. GÜNTHER & M. BEHRENDT (2005): Sturmflutsicherheit in Hamburg angesichts eingetretener sehr hoher Oberwasser vor dem Hintergrund des Augusthochwassers im Jahre 2002. In: Hafenbautechnische Gesellschaft (Hrsg.): Tagungsband der Konferenz der Hafenbautechnischen Gesellschaft, 135-145.

GÖNNERT, G., H. NIEMEYER, H. PROBST, Th. BUSS, D. SCHALLER & Th. STROTMANN (2007): Bemessungssturmflut 2085 A an der Elbe. Überprüfung nach 10 Jahren. Landesbetrieb für

Straßen, Brücken und Gewässer, Hamburg.

GÖNNERT, G. & J.-A. BREMER (2009): Europäischer Vergleich der Bemessungsverfahren zum Sturmflutschutz. Berichte des Landesbetriebes Straßen, Brücken und Gewässer (in Vorbereitung).

KURATORIUM FÜR FORSCHUNG IM KÜSTENINGENIEURWESEN (Hrsg.) (2002): EAK 2002 – Empfehlungen für die Ausführung von Küstenschutzwerken. (= Die Küste, Heft 65) Heide in Holstein: Boyens & Co.

LANDESBETRIEB FÜR STRASSEN, BRÜCKEN UND GEWÄSSER (2001): Die tiefliegenden Gebiete Hamburgs, Abbildung des Landesbetriebes für Straßen, Brücken und Gewässer.

LÄNDERARBEITSGEMEINSCHAFT WASSER UND BUNDESMINISTER FÜR VERKEHR (Hrsg.) (1988): Bemessungswasserstände 2085 A entlang der Elbe. In: Die Küste, Heft 47. Heide in Holstein: Boyens & Co, 31-50.

LÜDERS, K. & G. LUCK (1976): Natur und Technik an der deutschen Nordseeküste, 3. neubear. u. erw. Auflage. Hildesheim: Verlag Lax.

MINISTERIUM FÜR LÄNDLICHE RÄUME, LANDESPLANUNG, LANDWIRTSCHAFT UND TOURISMUS DES LANDES SCHLESWIG-HOLSTEIN (MIR S.-H.) (2001): Generalplan Küstenschutz – Integriertes Küstenschutz-Management in Schleswig-Holstein. Kiel.

MOSONYi, E., B. BUCK & B. KIEFER (1976): Einige Aspekte der Optimierung von Hochwasserschutzanlagen. (= Wasser und Boden, Heft 28 (10)).

MÜLLER, O. (2008): Gliederung des Sturmflutschutzes in Hamburg, Abbildung des Landesbetriebes für Straßen, Brücken und Gewässer.

RUDOLPH, E. (2004): Einfluss sehr hoher Abflüsse auf die Wasserstände in der Tideelbe. In: Gönnert, G. et al.: Klimaänderung und Küstenschutz. Hamburg, 149-159.

SIEFERT, G. (1998): Bemessungswasserstände 2085 A entlang der Elbe. Ergebnisse einer Überprüfung durch die Länderarbeitsgruppe nach 10 Jahren. In: Die Küste, Heft 60. Heide in Holstein: Boyens & Co, 228-255.

Gabriele Gönnert
Landesbetrieb für Straßen, Brücken und Gewässer
Sachsenkamp 1-3, 20097 Hamburg
gabriele.goennert@aol.com

Über das Oberflächenwachstum der Nordfriesischen Halligen

Volker Karius, Matthias Deicke, Hilmar von Eynatten

erschienen in: Hamburger Symposium Geographie, Band 1, Hamburg 2009: 35-38

Die Gruppe der nordfriesischen Halligen besteht aus den 10 Eilanden Oland, Langeness, Gröde, Habel, Hamburger Hallig, Hooge, Nordstrandischmoor, Norderoog, Süderoog und Südfall, deren Landoberfläche sich nur wenige Dezimeter über das mittlere Tidehochwasser erhebt. Die Halligen unterscheiden sich von Inseln dadurch, dass sie vollständig aus Marschland bestehen und dass Seedeiche zum Schutz vor Überflutungen fehlen. Dadurch bedingt kommt es bei entsprechenden Wetterlagen zur vollständigen Überflutung der Hallig. Diese sogenannten „Land unter" ereignen sich hauptsächlich während des sturmreichen Winterhalbjahres. Menschen und Tiere finden während dieser Ereignisse auf künstlichen Wohnhügeln (Warften) Schutz. Die Häufigkeit dieser „Land unter" schwankt zwischen den einzelnen Halligen beträchtlich und kann zwischen 0 und mehr als 50 mal pro Jahr betragen. Einige Halligen sind von flachen Sommerdeichen umgeben (z.B. Hooge) und werden deshalb entsprechend weniger oft überflutet als jene Halligen, die nur von einer Steinkante umgeben sind (z.B. Süderoog). Die Bewohner der Halligen sind an das Leben mit den regelmäßig wiederkehrenden Überflutungen seit Jahrhunderten gut angepasst.

In Zeiten des Klimawandels scheint diese einzigartige Lebenswelt allerdings durch einen schnell ansteigenden Meeresspiegel bedroht. Es stellt sich also die Frage, ob das Leben auf den Halligen in der heutigen Form auf mittlere und lange Sicht noch gewährleistet werden kann.

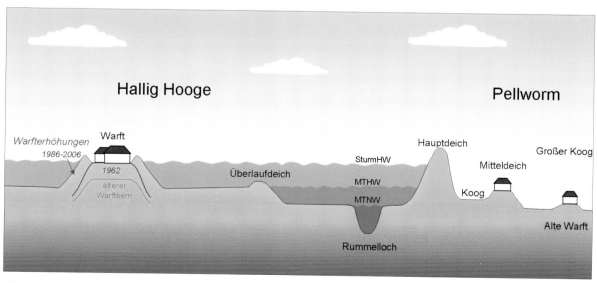

Abb. 1: Schematisches überhöhtes Querprofil Hallig Hooge-Pellworm

Zum Glück gibt es einen Prozess, der dem ansteigenden Meeresspiegel entgegenwirkt. Bei jeder Überflutung wird nämlich Sediment auf den Halligen abgelagert. Dadurch kommt es langfristig zu einem Anstieg der topographischen Landhöhe. Dies kann man sehr gut beim Vergleich der Landhöhen der Halligen und der im Halligmeer gelegenen Marschen-Insel Pellworm sehen. Pellworm ist von sturmflutsicheren Seedeichen umgeben, die seit 1825 nicht mehr gebrochen sind. Als Resultat dieser Eindeichung liegt die Landoberfläche im zentralen Teil Pellworms heute bei ca. 0.50 m unter NN. Im Vergleich dazu: Die Landoberfläche von Hallig Hooge liegt heute (2007) bei 1.60 m über NN (die anderen Halligen differieren um wenige Dezimeter). Abbildung 1 verdeutlicht die heutigen Verhältnisse.

Die heutige Küstenlinie im Nordfriesischen Wattenmeer ist im Wesentlichen durch die Sturmflut im Oktober 1634 (zweite groote Mandränke) geprägt und blieb seitdem im Groben konstant. Geht man davon aus, dass die topographischen Höhen der Marschen von 1634 in etwa das gleiche Niveau hatten und sich seit 1634 im zentralen Teil Pellworms keine großen Sedimentmengen mehr akkumulieren konnten, so bedeutet dies, dass Hallig Hooge seit der Sturmflut 1634 ca. 5.8 mm/a in die Höhe gewachsen ist.

Das Wachstum der Halligoberfläche läßt sich auch direkt im Gelände an den Rändern von Prielen und Gräben beobachten. In Abbildung 2 ist die Schichtung, die durch die Sedimentablagerungen während vieler Sturmfluten entstanden ist, gut zu erkennen.

*Abb. 2 (oben):
Sturmflutschichtung auf Hallig Hooge*

*Abb. 3 (links):
Sedimentfallen zur Quantifizierung des heutigen Halligwachstums*

Ausgehend von diesen Geländebeobachtungen können mit weiteren Methoden die Sedimentaufwachsraten der Halligen noch genauer erfasst werden. In einem Forschungsprojekt in Kooperation mit dem Ministerium für Landwirtschaft, Umwelt und ländliche Räume (MLUR) in Kiel wurden im Winterhalbjahr 2007/2008 insgesamt 110 Sedimentfallen auf den exemplarisch ausgewählten Halligen Hooge, Langeness, Nordstrandischmoor und Süderoog ausgelegt und zusätzlich 8 Bohrungen auf den Halligen niedergebracht. Die Sedimentfallen bestanden aus in den Boden eingegrabenen Kunststoffflaschen und Fußabtretern (vgl. Abb. 3).

Die Bohrungen erbrachten jeweils 2 m lange Sedimentkerne (vgl. Abb. 4), die mit den Verfahren 137Cs [1] und optisch stimulierte Lumineszens (OSL [2]) datiert wurden. Durch die Altersdaten konnten Sedimentaufwachsraten für unterschiedliche Abschnitte der jüngeren Vergangenheit der Halligen ermittelt werden und mit den durch die Sedimentfallendaten ermittelten heutigen Raten verglichen werden.

Die Altersdatierungen reichen auf Hallig Hooge bis 667 n. Chr., Langeness 1015 n. Chr., Nordstrandischmoor 1620 n. Chr. und Süderoog 1490 n. Chr. zurück. Die aus den Altersdaten bestimmten Sedimentaufwachsraten schwanken im Lauf der betrachteten Zeiträume auf den einzelnen Halligen zwischen 0.5 und 8.2 mm pro Jahr und bestätigen damit die an Hand der topographischen Höhen durchgeführten groben Abschätzung. Es konnte gezeigt werden, dass sich in den betrachteten Zeiträumen die Sedimentaufwachsraten erhöht haben, wenn der Meeresspiegel anstieg, und entsprechend bei stagnierendem oder fallendem Meeresspiegel sanken die Sedimentaufwachsraten auf minimale Werte.

Es ist fraglich, inwieweit das Gleichgewicht zwischen Meeresspiegelschwankungen und dem Halligwachstum in der Vergangenheit auch in der Zukunft Bestand haben wird. Die Daten

Abb. 4:
Sedimentkern von Süderoog (0-1 m unter Halligoberfläche)

[1] 137 Cs ist ein radioaktives Cäsiumisotop, das durch Atomwaffentests und Kernkraftunfälle seit 1953 in die Atmosphäre eingetragen wurde. Dieses Isotop bildet typische Anreicherungen in Böden und Sedimenten, die sich entsprechenden Freisetzungsmaxima, wie z.B. der Tschernobyl-Katastrophe 1986 zeitlich zuordnen lassen.

[2] Bei der OSL-Datierung wird die in Mineralen wie Quarz und Feldspat gespeicherte Energie gemessen, die unter dem Einfluss der natürlicherweise im Sedimenten vorkommenden radioaktiven Strahlung aus Uran-, Kalium- und Thorium-Zerfällen aufgenommen wurde. Durch Lichteinfluss werden die „Energiespeicher" der Minerale geleert. Mit der OSL-Methode kann das Alter des Sedimentes seit der letzten Belichtung (i. d. Regel der Zeitpunkt der Sedimentablagerung) bestimmt werden.

aus den letzten 40 Jahre zeigen, dass das Sedimentwachstum insbesondere auf den größeren Halligen (Hooge und Langeness) am unteren Rand des Unsicherheitsbereiches liegt, der für den Meeresspiegelanstieg im Nordfriesischen Wattenmeer derzeit angenommen werden kann.

Aus diesen Untersuchungen läßt sich die Schlußfolgerung ableiten, dass die Sedimentation während der „Land unter" grundsätzlich geeignet ist, die Halligen mittelfristig gegen den steigenden Meeresspiegel zu sichern. Allerdings muss langfristig der Meeresspiegelanstieg zum Stillstand gebracht werden.

Literatur

DEICKE, M., KARIUS, V., JAHNKE, W., KALLWEIT, W., REBENS & M., D. REYER (2007): Charakterisierung von Sturmflutablagerungen auf Hallig Hooge – Quantifizierung des Sedimentwachstums seit 1914. Tagungsband der 25. Jahrestagung des Arbeitskreises „Geographie der Meere und Küsten", CoastlineReports 9 (2007): 93-102.

DEICKE, M., V. KARIUS & H. VON EYNATTEN, (2009): Bestimmung der Sedimentaufwachsraten auf den Halligen Hooge, Langeness, Nordstrandischmoor und Süderoog - Endbericht SAHALL- Forschungskooperation zwischen der Universität Göttingen, GZG, Abtl. Sedimentologie/Umweltgeologie und dem Ministerium für Landwirtschaft, Umwelt und ländliche Räume des Landes Schleswig-Holstein, Referat Küstenschutz, Hochwasserschutz und Häfen, unveröffentlichter Projektbericht.

Volker Karius, Matthias Deicke, Hilmar von Eynatten
Georg-August-Universität Göttingen
GZG - Abtl. Sedimentologie/Umweltgeologie
Goldschmidtstraße 3, 37077 Göttingen
vkarius@uni-goettingen.de - mdeicke@gwdg.de - hilmar.von.eynatten@geo.uni-goettingen.de
http://www.sediment.uni-goettingen.de

Zwischen Land- und „Seeschaft":
Zur Relevanz der „Küstenlandschaftsforschung" für das Integrierte Küstenzonenmanagement [1]

Martin Döring

erschienen in: Hamburger Symposium Geographie, Band 1, Hamburg 2009: 39-59

Das Konzept Natur ist eines der am meisten besprochenen, untersuchten und umstrittenen Themen in der heutigen Zeit. Tagtäglich finden sich in den Nachrichten apokalyptische Darstellungen, mit denen das Ende der Natur eingeläutet wird und auf die reflexartig mit dem Ruf nach ihrem Schutz oder gar ihrer Rettung reagiert wird. Bedrohte Arten werden unter Schutz gestellt, Naturschutzgebiete ausgewiesen, Nationalparks eingerichtet und, wie im Fall des Nordfriesischen Wattenmeers, nach zähen Verhandlungen mit der lokalen Bevölkerung Teil eines globalen UNESCO-Naturerbes der Menschheit (Krauß und Döring 2003, Krauß 2008a, 2008b). Aber Natur macht auch Angst und zwar genau dann, wenn sie sich in Form von Unwettern, Hochwassern oder Epidemien am Menschen zu rächen scheint. Wann immer man die Tageszeitung öffnet oder den Fernsehapparat einschaltet, Natur ist in der einen oder anderen Form ein Thema, das uns alle betrifft und jeden etwas angeht – ob es sich nun um genetisch veränderte Organismen handelt, die freigesetzt werden, oder Eisbären, die durch das Abschmelzen des polaren Eises ihren ursprünglichen Lebensraum verlieren.

Die allgegenwärtige Rede über die Bedrohung der Natur durch den Menschen und des Menschen durch die Natur impliziert, dass das Thema Natur in all seinen Facetten das gesellschaftliche Thema unserer Epoche ist. Diese Annahme ist, gerade wenn man die Forschung im Bereich der Umweltgeschichte betrachtet, falsch (Radkau 2002, Winiwater und Knoll 2002). Natur war schon immer und weltweit das bestimmende gesellschaftliche Thema. Was unsere Epoche im Gegensatz zu anderen jedoch auszeichnet, ist eine deutlich andere Art und Weise, über Natur zu sprechen und mit dem, was für Natur gehalten wird, umzugehen. Historisch betrachtet, haben sich die Perspektiven auf das, was Natur ist und der Umgang mit ihr deutlich geändert. Zeugen solcher Entwicklungen sind z.B. vergangene Wahrheiten der Naturwissenschaften oder historische Formen der Berichterstattung über Naturkatastrophen (Groh, Kempe und Mauelshagen 2002), die aus heutiger Warte gesehen Naturwissenschaftlern nur noch ein müdes Lächeln entlocken und den Betrachter von Flugblättern über Naturphänomene aus der frühen Neuzeit (Döring 2002) in Erstaunen ob einer solchen bildhaften Imagination versetzt.

---

[1] Dieser Beitrag ist maßgeblich geprägt durch meine Arbeit über Landschaftsforschung und -wahrnehmung am Institute for Science and Society der Universität Nottingham.

Abb. 1: Anonyme französische Kometenflugschrift von 1539/1531.
Quelle: Anonym: La terrible et merveilleux signe, Anonym 1530/1531, Bibliothèque Nationale, Rès., 8o LK7. 27224.

Abb. 2: Brennender Frachter Pallas vor Amrum.
Quelle: Forum Marine Archiv, http://forum-marinearchiv.de/smf/index.php/topic,9141.0.html [Abrufdatum 24.8.2009]

Trotz des sich erneuernden Wissens über Natur und seiner sich zusehends verkürzenden Halbwertszeit werden natürliche Prozesse nach wie vor in vielfältiger Art und Weise erforscht, um Wissen über sie zu generieren, sei es für den Schutz oder für den Nutzen des Menschen. Diese Aspekte treffen nicht nur für die übergreifende Kategorie Natur, sondern auch für das hier zu behandelnde Thema Küste und Küstenlandschaften zu. Auch die Küste ist Ziel vielfältiger Forschungsaktivitäten – das zeigen unter anderem die in diesem Band versammelten Beiträge –, deren Perspektiven und Untersuchungsgegenstände sich im Verlauf der vergangenen zwei bis drei Jahrhunderte deutlich geändert haben: Ging es z.B. noch vor rund 250 Jahren darum, die erdgeschichtliche Entstehung anhand der an Steilküsten zu findenden Sedimente zu erforschen, so sind Küsten heute Gebiete, an denen z.B. in Fischzuchtanlagen jenseits des natürlichen Entstehungszusammenhangs Seefische für den Verzehr gezüchtet werden, sich Touristen erholen und gleichzeitig sehr unterschiedliche Industrien angesiedelt sind. Auch und gerade an Küsten wird die Bedrohung des Menschen durch die Natur und die Bedrohung der Natur durch den Menschen deutlich, denkt man nur an die für die deutsche Nordseeküste so prägenden Sturmfluten, an die Verklappung von Dünnsäure oder in jüngerer Zeit an Ölunfälle wie z.B. den des Frachters Pallas, der zur Verschmutzung der Strände von Amrum und zum qualvollen Tod von tausenden Seevögel führte.

Aus diesen unterschiedlichen Bedrohungen und den verschiedenen Formen der Nutzung von Küsten hat sich eine Vielzahl von Managementstrategien entwickelt, von denen im vorliegenden Beitrag die des Integrierten Küstenzonenmanagements (IKZM) genauer unter die Lupe genommen wird. Jenseits der schwierigen Fragen, was Natur sei und wo sie zu finden ist, soll hier untersucht werden, inwiefern der naturwissenschaftlich und sozioökonomisch motivierte Managementansatz des IKZM mit Einsichten, die aus der Kulturlandschaftsforschung stammen, fruchtbar kombiniert werden kann. Hierzu wird es notwendig sein, sich in einem ersten Schritt einen Überblick über unterschiedliche Ansätze in der Kulturlandschaftsforschung zu verschaffen. Nachdem dies im folgenden Kapitel geschehen ist, werden in einem weiteren Schritt Ansätze des IKZM dargestellt, bevor eine Kombination von IKZM und Kulturlandschaftsforschung versucht wird, die Küstenlandschaften als ein Mischgebilde aus Natur und Kultur versteht. Im abschließenden Kapitel wird skizziert, warum und wie eine Küstenlandschaftsforschung in den Unterricht an Schulen integriert werden könnte. Das übergreifende Ziel des Beitrags ist also ein zweifaches: Zum einen werden die sozialen und kulturellen Dimensionen von Küstenlandschaften und deren Relevanz für das IKZM thematisiert und zum anderen werden Möglichkeiten für die Implementierung dieser recht jungen Forschungsrichtung in den schulischen Unterricht erörtert. Ergänzt werden die theoretischen und methodischen Ausführungen durch kleinere Arbeitseinheiten in Kästen, deren Fragen jeden Leser zu einer kritischen Reflexion einladen, eine themenbezogene Verschnaufpause bei der Lektüre ermöglichen und sich möglicherweise auch als Einstiegs- oder Zwischenfragen für den schulischen Unterricht eignen.

Kasten 1:

Versuchen Sie die folgenden beiden Fragen für sich zu beantworten:

- Was ist Natur?

- Wo findet sich oder ist Natur?

Nehmen Sie sich für die Beantwortung dieser Fragen genügend Zeit. Lässt sich in Bezug auf die aufgeführten Beispiele in der Einleitung eine Schnittmenge finden? Wenn ja, welche? Wenn nein, warum nicht?

Versuchen Sie sich ein Alltagsgespräch vorzustellen, in dem Begriffe wie Natur, natürlich oder Komposita mit Natur nicht vorkommen. Kann man ohne den Begriff Natur im Alltag auskommen oder ist er fester Bestandteil der Alltagskommunikation? Warum?

1. Von der Kulturlandschaftsforschung zur Küstenlandschaftsforschung: Ein langer Weg

In der Kulturlandschaftsforschung vornehmlich englischer Provenienz wird analytisch grundsätzlich zwischen zwei Konzepten unterschieden: Während der Begriff „land" sich ausschließlich auf die natürlichen Eigenschaften der Landschaft bezieht, verweist das Wort „landscape" auf die der Landschaft inhärenten symbolischen Aspekte und Bedeutungen, die Bewohner, Betrachter oder Reisende mit ihnen verbinden. Die Trennung zwischen „land" und „landscape" ist nicht absolut, sondern eine heuristische Krücke, um unterschiedliche Dimensionen von Landschaft analytisch handhabbar und zugänglich zu machen. Etymologisch betrachtet entstammt der Begriff der Landschaft dem althochdeutschen Begriff „landschäft", mit dem ein be- oder eingegrenztes Areal bezeichnet wurde, während das niederländische Wort „landschap" [2] durch seine semantische Nähe zur Malerei visuelle und künstlerische Aspekte konnotiert. Wie wir sehen, haben wir es beim Begriff Landschaft mit einer historisch gewachsenen Bedeutung zu tun, aus der heraus sich Bezüge auf die physische wie auf die symbolische Dimension von Landschaft entwickelt haben. Die Kenntnis dieses Sachverhalts hilft beim Verständnis der heuristischen Trennung zwischen „land" (physisch) und „landscape" (symbolisch) in der Kulturlandschaftsforschung: Landschaften wirken auf Menschen und gleichzeitig wirken Menschen auf Landschaften ein, indem sie sie kultivieren, bebauen und mit Bedeutungen anreichern (Haber 2007, Kirchhoff und Trepl 2009). Siegfried Lenz (2000: 33) beschreibt die Dialektik von Landschaft folgendermaßen:

> „Landschaft gibt es nicht ohne den Menschen. Ohne unseren Blick, unsere Empfindungen, ohne unsere Unruhe und unsere Sehnsucht wäre das, was Landschaft genannt wird, nur ein charakteristischer Ausschnitt der Erdoberfläche. Diese ernste Zypressenlandschaft, diese von Felsen eingeschlossene Bucht, diese bewaldete Insel im See: hätte ein suchendes Auge sie nie erblickt, sie wären lediglich das Resultat entwicklungsgeschichtlicher Prozesse, oder, in lapidarer Abstraktheit, eine Ansammlung biotischer Geofaktoren. Unter schöpferischem Aspekt entsteht Landschaft also zweimal: bestimmt von Zufall und Notwendigkeit, formt sie sich anfänglich als autonomes Gebilde, das nur für sich ist – und sie wird von neuem erschaffen durch die Erlebnisfähigkeit des Menschen: Landschaft entsteht durch uns [...]."

Die Erforschung dieses von Lenz beschriebenen Transformationsprozesses von Land in Landschaft und Landschaft in Land durch den Betrachter ist ein spannender Untersuchungsgegenstand, der eine genauere Analyse eben jener sozialen Praktiken und Prozesse notwendig macht, die ihn angetrieben haben und immer noch antreiben. Dabei ist zu beachten, dass es sich hier keinesfalls um wertneutrale Vorgänge handelt, vielmehr stehen z.B. hinter der Implementierung von ökologisch oder nachhaltig motivierten Managementansätzen der Landnutzung in vielen Fällen unausgesprochene Wertvorstellungen einer „light-green society" (Bess 2003) [3], die sowohl das Land in seiner physikalischen wie die Landschaft in ihrer symbolischen Dimension betreffen. Landschaften sind in ihrer physikalischen wie symbolischen Dimension Produkte menschlicher Handlungen, Bedeutungszuschreibungen, Werte und Symbole, sie

---

[2] Das niederländische Wort „landschap" bezeichnet eine ausgestreckte weitläufige Landschaft, die der Betrachter übersehen kann. Mit dem Aufkommen der niederländischen Landschaftsmalerei wandelte sich die Bedeutung, die ab ca. 1598 auf Gemälde bezogen wurde.

[3] Bess bezeichnet mit dem Begriff eine leichte – abgespeckte – grünen Politik, für die Nachhaltigkeit einfach schick ist.

Kasten 2:

*Umgestürzte Bäume
im National Park
Bayerischer Wald.
Quelle: http://www.national-
park-bayerischer-wald.de/
[Abrufdatum 24.8.2009]*

Versuchen Sie die folgenden beiden Fragen für sich zu beantworten:

- Was ist Wildnis?

- Welche Eigenschaften zeichnen Wildnis aus?

Nehmen Sie sich für die Beantwortung dieser Fragen genügend Zeit.
Schauen Sie sich bitte die beiliegende Abbildung aus dem Nationalpark Bayerischer Wald
an. Was empfinden Sie beim Betrachten des Photos? Versuchen Sie, eine Mindmap Ihrer
Empfindungen und Assoziationen herzustellen.

sind Produkte einer „[…] dominant culture within society […]"[4] (Robertson und Richards 2003: 2). Werden also Areale in Naturschutzgebieten mit Zonen, in denen ursprüngliche Wildnis (wie z.B. im Nationalpark Bayerischer Wald) entstehen soll, eingerichtet, so handelt es sich hier nicht um die Wiederherstellung einer wilden Urlandschaft, sondern um die Vorstellung von Wildnis, die sich im Rahmen gesellschaftlicher Aushandlungs- und Regulierungsprozesse Wald als Wildnis materialisiert.

Aus der Perspektive der Kulturlandschaftsforschung ist die Erforschung solcher Landschaften extrem spannend, da eine Analyse der sie umgebenden Diskurse deutlicht macht,

in welchem Grad gesellschaftliche und kulturelle Vorstellungen z. B. von Wald ihren Herstellungsprozess beeinflusst haben. Ein gutes Beispiel für einen gesellschaftlich induzierten Landschaftswandel ist der Zuzug von Stadtbewohnern in ländliche Gebiete. Resthöfe werden aufgekauft und den städtischen Vorstellungen eines idyllischen Landlebens angepasst, ohne dass auf entsprechenden Komfort verzichtet wird. Idealisierungen eines ursprünglichen oder natürlichen Landlebens induzieren einen sozialen und ökonomischen Wandel, denn Besitzverhältnisse ändern sich und führen, wie z.B. in den Cotswolds in England oder auch anderswo in Europa, über kurz oder lang dazu, dass der

---

[4] Robertson und Richards sprechen von einer bestimmenden Kultur, die wegen ihrer Macht im Sinne Michel Foucaults als prägend für eine wie auch immer geartete Kultur zu veranschlagen ist.

Erwerb von Eigentum oder Baugrund nur noch wohlhabenden Zugezogenen möglich ist, während die ursprünglichen Eigentümer in Sozialwohnungen oder in Vororte größerer Städte umziehen (Benson 2005). Die mit einem solchen Wandel einhergehenden strukturellen Veränderungen auf lokaler Ebene sind ebenfalls nicht zu unterschätzen, denn mit den neuen Anwohnern materialisieren sich auch neue landschaftliche Elemente wie z.B. Golfplätze: Wo vor Jahren noch Landwirtschaft betrieben wurde, wird heute der Freizeitbeschäftigung Golf nachgegangen. Eins wird deutlich: Landschaft ist Medium gesellschaftlicher Prozesse und Machtverhältnisse. Die Frage ist nur, wie und mit welchen Mitteln solche Entwicklungen untersucht werden können.

In der Tat gibt es eine ganze Reihe theoretischer und methodischer Werkzeuge, mit denen die eben skizzierten Prozesse analysiert werden können. Sie reichen von ikonographischen (Cosgrove 1998, Cosgrove und Daniels 1988, Warnke 2004) bis zu textanalytischen Methoden (Duncan 1990, Duncan und Duncan 1997) mit denen versucht wird, umkämpfte Bedeutungen und Wertzuschreibungen an Landschaft offenzulegen. Landschaft wird metaphorisch als soziokulturelles Dokument konzeptualisiert, das gelesen und in Form einer Exegese in ihren unterschiedlichen Bedeutungsschichten erschlossen werden kann: Landschaft ist Medium oder Dokument, in das sich gesellschaftliche Prozesse und Machtbeziehungen einschreiben und eingeschrieben

Kasten 3:

Der niederländische Dichter Henk Marman hat 1936 dieses Gedicht mit dem Titel „Erinnerung an Holland" über die niederländische Landschaft geschrieben. Lesen Sie sich das Gedicht einmal leise und dann einmal laut vor. Welche typischen Elemente einer niederländischen Landschaft tauchen für Sie im Gedicht Marmans auf? Was ist an ihnen typisch niederländisch?

> *Erinnern an Holland*
> *Denk ich an Holland, sehe ich weite Flüsse*
> *langsam fließen durch grenzenlose Ebenen*
> *Reihen von undenkbar dünnen Pappeln*
> *stehen wie riesige Federn am Horizont*
> *und verloren im unendlichen Raum*
> *Bauernhöfe sprenkeln das Land*
> *Baumgruppen, Dörfer, gekappte Masten*
> *Kirchen und Ulmen in einer großen Einheit*
> *der Himmel hängt tief und die Sonne*
> *verschwindet in einem farbenreichen Dunst*
> *und in allen Landstrichen werden die Stimmen des Wassers*
> *gefürchtet und erhört, künden vom ewigen Unheil.*

Verfassen Sie ein Gedicht, dass an Ihre Lieblingslandschaft erinnern soll. Nutzen Sie dafür das Schema von Marman. Z.B.:

> *Denk ich an Nordfriesland, sehe ich Deiche und das weite Meer etc.*

haben. Wie unterschiedlich die Perspektiven auf Landschaft und deren Bedeutung sein können, zeigt das folgende Beispiel: Die heutigen Highlands stellen für den Touristen eine zwar baumlose, aber auch schöne und erhabene Landschaft dar, die erwandert werden kann. Für die Anwohner hingegen sind die ursprünglich bewaldeten Highlands eine genuin politische Landschaft, denn die ursprünglichen reichen Wälder wurden durch die englischen Besatzer für industrielle Zwecke annektiert und abgeholzt: Was für den einen eine schöne Landschaft ist, ist für den anderen Symbol nationaler Unterdrückung, aus der sich wenigstens touristisch Kapital schlagen lässt.

Wie jede Metapher, so hebt die Metapher der Landschaft als Text oder Dokument eine Perspektive auf den Untersuchungsgegenstand hervor, während sie andere ausblendet. So könnte man, wie es der Geograph Kenneth Olwig (1996) tut, die Textmetapher für Landschaft als zu statisch und der prozessualen Dynamik des Untersuchungsgegenstandes nicht angemessen verstehen. Olwig schlägt ein interaktionistisches Verständnis von Landschaft vor, das die gegenseitige Beziehung von Natur und Mensch als kulturellen Prozess ins Zentrum des Interesses stellt. Dieser dynamische Ansatz konzeptualisiert Landschaft als interaktives Gebilde, in dem sich kognitive Vorstellungen und Handlungen als Landschaft materialisieren (Ingold 1993). Diese Erweiterung hin zu einem praxisorientierten Ansatz (Crouch 2000: 70) deutet Landschaft als einen kulturellen Prozess des Alltagslebens, der „[…] perpetually under construction […]" [5] (Ingold 1993: 162) ist. Wichtiger Bestandteil dieses interaktiven Verständnisses ist es, dass sich „[…] social and subjective identities […]" [6] (Mitchell 1994: 1) entwickeln und sich in Landschaft materialisieren. Dieses Verständnis mag dem einen oder der anderen als sehr abstrakt erscheinen. Es handelt sich aber keinesfalls um intellektuelle Spielereien, sondern um das Bemühen, z.B. die Beziehung von Landschaft und nationaler Identität analytisch zu erfassen und in ihrer Komplexität darzustellen.

Abb. 3: Gepflanztes Hakenkreuz eines Hitler-begeisterten Försters aus Lärchen in einem Kiefernwald bei Zernikow von 1938 (ca. 60 mal 60 Meter).
Quelle: www.spiegel.de/img/0,1020,74966,00.jpg [Abrufdatum 24.8.2009]

---

[5] Ingold spricht hier von einer anhaltenden oder andauernden Konstruktion und Rekonstruktion. Er will damit das dynamische Moment von Landschaften hervorheben.
[6] Mitchell bezieht sich hier darauf, das Landschaften oft Bezugspunkt für die Herstellung von sozialen, lokalen oder gar nationalen Identitäten sind (s. a. Abb. 3)

So zeigt der Historiker Simon Schama (1995), dass sich die englische und deutsche Bedeutung von Wald deutlich unterscheidet: Während der englische Wald Schutz vor staatlicher Tyrannei gewährte, erlangte der deutsche Wald in der Romantik den mythischen Status einer Seelenlandschaft (Lehmann und Schriever 2000, Lehmann 2002), dessen Bedrohung durch das Waldsterben eine besondere Betroffenheit hervorrief. Doch Vorsicht ist geboten, denn nationale, regionale, lokale oder auch andere Identitäten sind keinesfalls gegebene Kategorien, vielmehr bedürfen sie einer differenzierten und eingehenden Analyse des Entstehungsprozesses und seiner Aufrechterhaltung, in dem nicht selten Legenden, Erzählungen, Traditionen (Daniels 1993: 5, Hobsbawm und Ranger 1992) und vieles mehr eine gewichtige Rolle spielen. Nur so wird deutlich, wie z.B. der sagenumwobene Rhein romantisiert, als urdeutsche Landschaft politisiert und schließlich wieder re-romantisiert werden konnte. Die bisherigen Ausführungen und Beispiele mögen genügen um aufzuzeigen, dass Landschaft nicht nur eine geomorphologische Formation, sondern Reservoir und Ziel sozialer, kultureller und politischer Sinnstiftungen ist.

Wie wir bisher gesehen haben, existiert in der Kulturlandschaftsforschung eine bis in die Mitte des letzten Jahrhunderts zurückreichende Tradition ihrer Analyse, die im Verlauf ihrer fachlichen Entwicklung über disziplinäre Grenzen hinweg unterschiedliche Theorien und Methoden hervorgebracht hat. Um so erstaunlicher ist es, dass Küstenlandschaften, die einen integralen Bestandteil von Landschaft darstellen, bisher kaum Gegenstand der Kulturlandschaftsfor-

Kasten 4:

Betrachten Sie bitte die Postkarte über den Rhein.
Wie genau ist die Kulturlandschaft des Rheins dargestellt?
Warum ist die Kulturlandschaft des Rhein genau so und nicht anders dargestellt worden?
Was meinen Sie?

schung waren. Sieht man einmal von den grundlegenden Arbeiten Corbins (1990) und Lençek und Boskers (1999) ab, so entwickelte sich erst in den vergangenen zehn Jahren eine vornehmlich in Deutschland ansässige Küstenlandschaftsforschung. Arbeiten z.B. von L. Fischer (1997a), N. Fischer (2003), Selwyn und Boissevain (2004), Visser (2004), Döring/Settekorn/Storch (2005), Allemeyer (2006), Dannenberg/N. Fischer/Kopitzsch (2006) und N. Fischer/Müller-Wusterwitz/Schmidt-Lauber (2007) bezeugen ein ansteigendes Interesse an küstenbezogenen Themen und heben immer wieder dieses Forschungsdesiderat hervor. Fast alle Beiträge zeichnen sich durch eine breite Rezeption der Kulturlandschaftsforschung aus, deren Methoden und Theorien für die Analyse von Küstenlandschaften herangezogen werden. Dabei wird der Landstrich zwischen Land und Meer als interaktives Ergebnis natürlicher und sozialer Prozesse interpretiert. Implizit wird – und in Anlehnung an die Kulturlandschaftsforschung – zwischen Küste (physisch) und Küstenlandschaften (symbolisch) unterschieden: „Whilst the former normally applies to the tangible and physical, the latter applies pre-eminently to ideas about the land as these are manifested in images, myths, values and other products of human imagination"[7] (Selwyn und Boissevain 2004:11). Derzeit nutzt die Küstenlandschaftsforschung primär kunsthistorische (Hartau 2005, Müller-Wusterwitz 2007) und textanalytische Theorien und Methoden, mit denen die gelebte und erlebte Bedeutungsvielfalt von Küstenlandschaft untersucht und rekonstruiert wird. Diese werden z.B. in Zeiten von Naturkatastrophen wie Sturmfluten besonders deutlich (Jakubowski-Tiessen 1992, Knottnerus 1997, Knottnerus 2007), da Schäden verwaltet und die Neuzuteilung von fruchtbarem Land unter Küstenbewohnern zu Konflikten führten.

Hasse und L. Fischers (2001) sowie L. Fischers (2005c) Überblick über die historischen und zeitgenössischen Formen der Wahrnehmung von Küstenlandschaften im Wattenmeer verdeutlichen die Komplexität von landschaftsbezogenen Sinnstiftungen in ihrer diachronen Entwicklung und deren Bedeutung für Konflikte bei der Einrichtung des Nationalparks Schleswig-Holsteinisches Wattenmeer. Dass Küstenlandschaften auch Gefühlslandschaften sind, zeigen die Arbeiten von Döring (2005) und Settekorn (2005), die die Funktion von Küste in der französischen Literatur und in der deutschsprachigen Werbung für Versicherungen untersuchen: In fiktionalen Küstenlandschaften vollziehen sich für Erzählungen entscheidende Handlungen, während in der Werbung Versicherungen und

Abb. 4: Werbekampagne „Wir machen den Weg frei" der Volks- und Raiffeisenbanken.
Quelle: Abbildung aus Settekorn (2005: 261)

---

[7] Diese begriffliche Trennung bezieht sich auf die physische Landschaft und auf eine ideelle Landschaft, die in der menschlichen Erinnerung und in der menschlichen Vorstellung zu finden ist. Sagen, Märchen, Erlebnisse, historischer Ereignisse oder auch einfache Erzählungen geben Landschaften Bedeutungen, mit denen sich der Mensch identifiziert. Ohne eine solcher Verbindung würde wohl niemand sagen, dass sie oder er Schwabe, Hamburgerin oder Nordfriese ist.

Banken bedrohliche Küstenlandschaften dazu nutzen, ihre Kompetenz für den Schutz vor Gefahren zu bewerben.

Versuche, Küstenlandschaften explizit als interaktive Gebilde im Kontext kultureller Praxen und sozialer Prozesse zu untersuchen, existieren, sie sind jedoch in der Minderzahl, da hierfür jenseits textanalytischer und ikonographischer Methoden die Erhebung von Daten in Form von Interviews und Feldforschung notwendig ist. Krauß und Döring (2003) und Krauß (2005, 2008) gehen in ihren Untersuchungen genau diesen methodischen Weg, indem sie neben der Analyse von schriftlichen Dokumenten Daten aus Feldforschung und Interviews für die Analyse der Konflikte um die Implementierung des UNESCO Heritage Schemes in Nordfriesland heranziehen. Neben den durchweg unterschiedlichen Perspektiven von Naturschützern und Anwohnern auf die Küstenlandschaft des nordfriesischen Wattenmeers kommen Elemente einer friesischen und lokalen Identität zum Vorschein, die sich ausschließlich bei Informationsveranstaltungen zum UNESCO Natur- und Kulturerbe manifestieren: „Wir haben grüne Ökos satt. Sie machen unsere Küste platt!" Der Ansatz favorisiert ein symmetrisches Verständnis (Latour 1993), in dem Küstenlandschaften als Naturkulturen begriffen werden, die jenseits einer Unterteilung in Natur und Kultur spezifische „[…] nature-society-mixes […]" [8] (Hinchliffe 2004: 153) hervorbringen, die u.a. im Rahmen des IKZM produktiv genutzt werden könnten. Die Entwicklung eines symmetrisch motivierten Ansatz in der Küstenlandschaftsforschung steht zwar noch aus, doch könnte gerade eine weitere Rezeption aktueller Entwicklungen in der anglo-amerikanischen Kulturlandschaftsforschung fruchtbar eingebracht und zu methodischen und theoretischen Erweiterungen führen, die der Komplexität von Küstenlandschaften gerecht werden.

Es bleibt festzuhalten, dass die Küstenlandschaftsforschung trotz einer sich intensivierenden Forschungsaktivität in den Kinderschuhen steckt. Im Rahmen einer Kulturlandschaftsforschung ist das interaktive Küstenlandschaftskonzept auf vielen Ebenen methodisch und theoretisch anschlussfähig, auch wenn hierzu eine weitere Anwendung und Ausdifferenzierung in küstenbezogenen Kontexten notwendig ist. Dass sich hier ein Erweiterungspotenzial für den Managementansatz des IKZM versteckt, ist erst kürzlich in der Meereskunde und in der Küstenforschung erkannt worden. Deswegen soll die Rolle, die die Küstenlandschaftsforschung für das IKZM spielen könnte, im folgenden Abschnitt dargestellt werden.

---

[8] Hinchliffe spricht hier davon, dass es keine reine Natur gibt, sondern nur „Naturen", die durch die Interaktion von Mensch und Natur entstanden sind. Die Lüneburger Heide ist z.B. eine solche Landschaft, denn sie ist durch den Abbau des Holzes durch den Menschen entstanden und wurde, nachdem die Wälder abgeholzt waren, durch diese gezielte Beweidung als offene Graslandschaft erhalten. So entstand die Lüneburger Heide, die heute ein Naturschutzgebiet ist.

2. Küstenlandschaften und IKZM: Aspekte eines sozialwissenschaftlichen Erweiterung des IKZM

Das IKZM ist ein Planungs- und Implementierungsprogramm, das unterschiedliche theoretische und methodische Ansätze für das Management von Küstenzonen zusammenführt. Treibende Kräfte dieses Ansatzes sind ganzheitliche Konzepte, mit denen seit den 1980er Jahren ein ökologisch adäquates wie ökonomisch nachhaltiges Wirtschaften in Küstenzonen ermöglicht werden soll. Motiviert ist dieser Managementansatz durch eine weltweite Sensibilisierung für auftretende Umweltprobleme, die zur Zerstörung von Küstenhabitaten geführt hat. Im Verlauf der 1990er Jahre intensiviert sich die Forschungsaktivität weiter in Richtung einer konzeptionellen Verknüpfung von Ökologie und Ökonomie: Ziel ist die Entwicklung nachhaltiger Steuerungsinstrumente, mit denen Ökosysteme geschützt und erhalten werden können (s. z.B. Kannen 2000, Gee et al. 2000). Der Einbezug sozioökonomischer Aspekte hatte zum Ziel, den Ansatz des IKZM auch im Hinblick auf gesellschaftliche Faktoren zu verbessern, also soziale und kulturelle Aspekte als feste Bestandteile im IKZM zu etablieren. Dies geschah jedoch nicht, sodass heute bei so genannten sozioökonomischen Ansätzen die Ökonomie den Vorrang hat und gesellschaftliche sowie kulturelle Aspekte kaum eine Rolle spielen. Eine problematische Entwicklung, die sich zum einen aus konzeptionellen Überschneidungen zwischen Ökologie und Ökonomie ergibt, zum anderen jedoch auch dadurch verstärkt wird, dass sich sowohl die qualitative Sozialforschung als auch große Teile der Geisteswissenschaften nicht aktiv in den Forschungsprozess der Küstenforschung einbringen (Ausnahmen stellen die Beiträge in Boissevain und Selwyn 2004 und Glaeser 2005 dar). Das ist erstaunlich, denn Autoren wie der Ozeanograph Adalberto Vallega (1999, 2001, 2002) und der Germanist L. Fischer (2005c) plädieren vehement für den Einbezug geistes- und sozialwissenschaftlicher Forschungsansätze in die Küstenforschung. Auch der Meteorologe Hans von Storch (2005) wird nicht müde zu betonen, dass die anstehenden Probleme in Küstenzonen nur durch interdisziplinäre Forschung adäquat gelöst werden können. Erste Schritte in Richtung eines Einbezugs von Küstenlandschaften stellt die Forschung von Gee (2006) zur Wahrnehmung von Küstenlandschaften im Rahmen der Implementierung von Offshore-Windkraftanlagen an der deutschen Nordseeküste dar. Einen weiteren Beitrag liefern Ratter et al. (2009) mit einer empirischen Untersuchung der Wahrnehmung von Heimat, Umwelt und Risiko bei der Bevölkerung der deutschen Nordseeküste, bei der sie über 800 Bürgerinnen und Bürger entlang der Küste nach ihren Heimatvorstellungen, ihrem Umweltverständnis und ihrer Gefahrenwahrnehmung befragt haben. Zusammenfassend betrachtet, überschneiden sich die Einsichten in dem Punkt, dass dringend eine holistische Erweiterung des IKZM benötigt wird, in der weder naturwissenschaftliche noch sozialwissenschaftliche Ansätze die Oberhand haben. Eine problemorientierte und pragmatische Analyse von Konflikten in Küstenzonen könnte helfen, Lösungswege und -möglichkeiten am konkreten Beispiel aufzuzeigen. Eine solche Erweiterung könnte bestehende Ansätze des IKZM insofern verbessern, als dass die Kenntnis über historische Entwicklungen, um symbolische Bedeutungen von Küstenlandschaften und die mit ihnen verbundenen Identitäten helfen könnten, Differenzen und Konflikte zu vermeiden. Lokales Wissen über natürliche Systeme wird oft zugunsten naturwissenschaftlichen Wissens fallen gelassen (Wynne 1996), obwohl doch gerade im Rahmen der Nachhaltigkeit versucht werden sollte, unterschiedliche Formen des Wissens zu integrieren (Long 1992). Die Analyse von Küstenlandschaften – wie sie im vorherigen Kapitel ansatzweise anhand der Kulturlandschaftsforschung vorgestellt wurde – hat das Potenzial, Bedeutungskomponenten ausfindig zu machen, die „[…] in rituals and cultural practices [...]" [9] (Redclift 1992: 402) enkodiert sind. Darüber hinaus ergibt sich eine weitere Schnittmenge mit aktuellen Entwicklungen des IKZM, nämlich der Forderung nach Partizipation und Interdisziplinarität im Rahmen einer nachhaltigen Entwicklung. Die Realität sieht in den meisten Fällen jedoch anders aus:

> *„Management and measurement – for example the emission of pollutants – are seen as*

the panacea for sustainable development. Cultural aspects and public perception are mostly constructed as non-objective and passive and therefore as negligible or malleable via communication. Working out how local people use and construct natural resources within a web of myth, ritual and belief is still rare in ICZM but would provide a valuable supplement as science techniques can disrupt local knowledge systems which result – sometimes – in irrevocable loss of social and natural resources." (Döring im Druck). [10]

Da alle Theorie grau ist, soll anhand der folgenden Beispiele das konkretisiert werden, was bisher nur abstrakt beschrieben wurde.

Kasten 5:

Interdisziplinarität wird seit Jahren als das Konzept zur Lösung dringender gesellschaftliche Fragen gehandelt.

- Was ist für Sie Interdisziplinarität?
- Wo ist Sie Ihnen schon einmal begegnet?
- Welche Probleme oder Potenziale veranschlagen Sie für Interdisziplinarität?
- Ist Interdisziplinarität lehr- und/oder lernbar? Wie?

Deiche oder Küstenbefestigungen haben die Aufgabe, das Land hinter dem Deich vor Sturmfluten, Überschwemmungen und Schaden zu schützen. Überlegungen des Küstenschutzes, die zerstörerische Kraft von Wellen und Wasser abzuschwächen, führte zu Betondeichen und dem Verlegen von Tetrapoden an deutschen Küsten. Im Rahmen von Ausbesserungsarbeiten an Deichen im Gebiet der Ostsee artikulierten Küstenbewohner die Sorge, dass die durch Beton verstärkten Deiche einen negativen Effekt auf das lokale Ökosystem haben könnten. Verwiesen wurde auf die Möglichkeiten, lokale Holzarten in einer bestimmten Art und Weise zu flechten und als Buhnen zu verwenden – ihr Gebrauch war Jahrzehnte vorher eingestellt worden. Die Funktionalität dieser Form des Küstenschutzes war unerwartet gut: Der intendierte Prozess der

---

[9] Nicht nur für Redclift sind Rituale und Praktiken Möglichkeiten der Herstellung von Bedeutung, die in der materiellen Landschaft sichtbar werden. In Nordfriesland sieht man an vielen Stellen z.B. alte Deiche mitten im Land. Das zeigt, wie und dass der Mensch sich hier vor dem Wasser geschützt hat.

[10] Döring geht es in diesem Fall darum, dass im Küstenzonenmanagement oft eine „reine" Natur als Argument für ein nachhaltiges Wirtschaften herangezogen wird. Diese Idee einer „reinen" Natur ist jedoch vom Menschen hergestellt und kann nicht „ursprünglich", „echt" und „objektiv" sein. Deswegen ist es wichtig zu verstehen, wie die Menschen vor Ort mit ihrem „Natur-Kultur-Mix" leben, damit man gemeinsam eine bessere Art und Weise des Umgangs mit der Natur findet.

Sedimentation des Strandes setzte umgehend durch Strömungsveränderungen ein, während sich Tierarten wieder ansiedelten, die dort lange nicht mehr anzutreffen waren. Das Beispiel zeigt deutlich, das lokales Wissen über die Beschaffenheit der Küstenlandschaft durchaus von Relevanz für das IKZM sein kann, denn der eben dargestellte Vorgang war nicht nur ökologisch und ökonomisch, sondern auch kulturell nachhaltig, indem Partizipation von lokalem Wissen zugelassen wurde.

Ein anderes gutes Beispiel in Bezug auf Landschaft und Identität ist die Landgewinnung im Wattenmeer. Die friesische Identität ist eng mit der Deich- und Polderlandschaft verbunden, die der Mensch dem Meer abgerungen hat und die in jahrhundertealten sozialen Praxen bewahrt ist (L. Fischer 1997b, 2005b). Geschichten wie die des Deichgrafen Hauke Haien in Theodor Storms Schimmelreiter (Segeberg 1997) oder das Konzept des widerstandsfähigen Halligbewohners (L. Fischer 2005c) bilden prototypische friesische Eigenschaften ab, die eng mit dem Konzept friesischer Freiheit verbunden sind. Deich- und Sielverbände sind institutionalisierte Formen des Landmanagements, die im Rahmen von Deichsicherung und Landgewinnung entstanden, ihre landschaftlichen Materialisierungen in Form von Deichen und Poldern sind Symbole für den – in vielen Fällen gewonnenen – friesischen Kampf mit dem Meer (Jakubowsky-Thiessen 1997). Die Implementierung des Nationalparks Schleswig-Holsteinisches Wattenmeer in den 1990er Jahren führte zu heftigen Auseinandersetzungen zwischen Naturschützern und Anwohnern, da mit der Einrichtung des Nationalparks Restriktionen in der Fischerei und bei der Landgewinnung durchgesetzt wurden. Schilder mit Kommentaren wie „Gott schuf das Meer, der Friese die Küste" (vgl. Abb. 5) artikulieren mehr als deutlich, in welchem Maße Küstenlandschaft und friesische Identität verbunden sind und als wie anmaßend der regulative Eingriff empfunden wird.

Abb. 5: Protestschild „Gott schuf das Meer, der Friese die Küste" bei Westerhever.
Quelle: Privates Foto von Martin Döring

Das grundlegende Problem des Planfeststellungsverfahrens für den Nationalpark Schleswig-Holsteinisches Wattenmeer (Stock et al. 1996) bestand darin, dass er rein naturwissenschaftlich begründet war und soziale wie kulturelle Aspekte so gut wie unbeachtet ließ. Motiviert wurde diese Vorgehensweise durch das veraltete Konzept rationaler Kommunikation, in der evidenzbasierte Fakten durch den Experten über das Ökosystem Wattenmeer an die lokale Bevölkerung – die Laien – kommuniziert werden sollten, um sie von der Notwendigkeit des Schutzes von Flora und Fauna zu überzeugen. Kulturelle Aspekte wurden im so genannten Synthesebericht auf

Abb. 6: Protest gegen den Nationalpark Schleswig-Holsteinisches Wattenmeer in Husum
Quelle: Die Zeit, 43/1996

einer Seite abgehandelt und erst fünf Jahre später im Rahmen des LANCEWAD-Projektes (Vollmer et al. 2001) ergänzt. Der LANCEWAD-Bericht weist nach, dass das Wattenmeer eine einzigartige Kulturlandschaft (Knottnerus 2001, Steensen et al. 2001, L. Fischer et al. 2005a) ist. Demnach bestand der Hauptfehler des Feststellungsverfahrens für den Nationalpark darin, dass einem naturwissenschaftlichen Verständnis folgend das Wattenmeer als Naturlandschaft und nicht als Kulturlandschaft konzeptualisiert wurde. Die interaktive Küstenlandschaft aus Natur und Kultur, wurde komplett übersehen und führte zu den bekannten Kontroversen und Auseinandersetzungen: "Worlds are built on a variety of social/non-social, local/non-local materials [...]" [11] (Murdoch und Clark 1994: 122), die sich in Naturkulturen materialisieren.

Wären soziale und kulturelle Elemente fester Bestandteil des Planfeststellungsverfahrens gewesen, so hätten sicherlich viele Konflikte vermieden oder auf eine produktivere Art und Weise ausgehandelt werden können. Der Versuch einer solchen Vorgehensweise, die die Relevanz von kulturellen und sozialen Aspekten betont und dann auch umsetzt, steht nach wie vor aus, auch wenn im Rahmen von Managementansätzen des IKZM oder von „Land and Ocean Interaction in the Coastal Zone" (LOICZ) partizipative Ansätze und Interdisziplinarität eingefordert werden. Ein sozial- und geisteswissenschaftlicher Ansatz, könnte das IKZM sinnvoll ergänzen und – was viel wichtiger ist – inhaltlich verbessern. Dabei ist jedoch zu beachten, dass etablierte wissenschaftliche Praxen, die naturwissenschaftlichem Wissen und ökonomisch motivierten Managementansätzen den Vorrang geben, einem umfassenden Ansatz für das Management von Küstenzonen im Wege stehen. Auch wenn es derzeit Anzeichen dafür gibt, dass sozial- und geisteswissenschaftliche Perspektiven wichtige Bestandteile im Forschungsprogramm von

---

[11] Murdoch und Clark beziehen sich hier auf Hinchliffe und die vielen „Natur-Kultur-Mixe". Sie sind insofern radikaler als Hinchliffe, weil sie nicht nur Menschen, sondern auch nicht belebten Dingen eine Handlungskraft zuschreiben. So interagieren z.B. Menschen (Landgewinnung) und das Meer (Flut und Wellen). Das Ergebnis sind Deiche, die die Landschaft prägen, Landgewinnung möglich machen und immer wieder vom Wasser eingerissen werden.

LOICZ und auch in der Küstenforschung der Helmholtzgemeinschaft werden sollen, so fehlen konkrete Versuche einer „[…] co-operative fusion of horizons […]" (Döring im Druck). Solange keine finanziellen Mittel für eine interdisziplinäre Küstenforschung bereitgestellt werden und eine entsprechende Institutionalisierung in Form eigener Forschergruppen und Stellen erfolgt, bleibt die in Forschungsberichten und Positionspapieren dargestellte Forderung nach einem sozialeren Küstenzonenmanagement ein Lippenbekenntnis.

Wie wir gesehen haben, gibt es vielfältige Möglich- und vor allem auch Notwendigkeiten, den Managementansatz des IKZM um soziale und kulturelle Aspekte jenseits eines so genannten sozioökonomischen Ansatzes zu verbessern. Das Bild von Küstenbewohnern und lokale Ak-

teuren als homo oeconomicus bedarf einer dringenden Erweiterung. Der hier vorgestellte Ansatz einer Küstenlandschaftsforschung kann das IKZM ergänzen, da er sowohl kulturelle wie soziale Strukturen mit ins Boot nimmt, und damit einen umfassenderen Einblick in gelebte und erfahrene Küstenrealitäten ermöglicht. Es ist deutlich geworden, dass eine derart ausgerichtete Forschung eine Herausforderung darstellt, in der kulturelle, ökologische und ökonomische Elemente als kontextuelle Gebilde verstanden werden müssen, die jenseits generalisierender Lösungsvorschläge für ganze Küstenstriche lokale Lösungen vorzieht. Offen ist die Frage, wie die bisher dargestellten Überlegungen in den Unterricht an Schulen eingebracht werden können. Das folgende Kapitel will versuchen, dieser Frage ein stückweit nachzugehen.

3. Küstenlandschaften und IKZM im Projektunterricht – Ein erster Versuch

Nachdem sich die vorherigen Abschnitte dieses Beitrags primär mit wissenschaftlichen Fragestellungen und Diskussionen beschäftigt haben, will ich hier einige Impulse geben, wie Aspekte des bisher Dargestellten im Rahmen des Schulunterrichts umgesetzt werden könnten. Dabei ist zu bedenken, dass Überlegungen zur Beziehung oder gar Anwendung von Küstenlandschaftsforschung in Managementansätzen wie dem des IKZM wissenschaftlich am Anfang sind.

Grundsätzlich eignet sich der hier vorgeschlagene Gegenstand für Unterrichtsformen, die eine ganzheitliche Vorgehensweise ermöglichen: Epochen- oder Projektunterricht. Beide Formen bieten die Möglichkeit, über einen befristeten Zeitraum fachlich breit gefächert eine übergreifende Fragestellung zu untersuchen. Gerade der Projektunterricht ist so angelegt, dass Schülerinnen und Schüler sich in Begleitung des Lehrers Themen möglichst eigenständig erarbeiten und im schulischen Unterricht vorstellen. Ziel ist eine möglichst ganzheitlich ausgerichtete und

integrative Lernform, in der neben kooperativem Verhalten in der Gruppe vor allem die iterative Themenfindung und Ausdifferenzierung der Vorgehensweise durch die Schüler erlernt und gleichzeitig mitgestaltet werden kann: Die Lernenden werden zur Selbstorganisation und -verantwortung bei freier Arbeit angehalten. Darüber hinaus können im Rahmen von Exkursionen die erarbeiteten Projekte jenseits des schulischen Lernkontextes situiert und mit (Er-) Leben gefüllt werden. Grundsätzlich können fünf Phasen des Projektunterrichts veranschlagt werden:

1. Die Initiierung: Das Rahmenthema wird gestellt und Ideen in einem Brainstorming durch die Schüler zusammengetragen.
2. Der Einstieg: Die einzelnen Projekte werden einleitend skizziert und eine erste Planung vorgenommen.
3. Durchführung: Das Projekt wird unter Begleitung und Beratung des oder der Lehrenden durchgeführt.

4. Präsentation: Die Projektergebnisse werden entweder im Unterricht oder im Rahmen einer Exkursion vorgestellt.

5. Auswertung: Das Projekt wird mit dem Lehrer ausgewertet und, falls gewünscht oder notwendig, fortgesetzt.

Mit Blick auf das Thema Küste könnte das Thema Küstenlandschaften und IKZM durch das Zeigen einer Fernsehdokumentation über das Wattenmeer initiiert werden. Die Offenheit des Rahmenthemas eröffnet zusammen mit der Sendung ein breites Themenspektrum, das von der Geomorphologie des Wattenmeeres über die Geschichte des Deichbaus bis zur narrativen Rolle der Küstenlandschaft in Theodor Storms Schimmelreiter reichen kann. Eine genauere Projektskizze der Schüler stellt nach einer ersten Recherche und mit Hilfestellung des Lehrenden das zu untersuchende Thema, die anzuwendenden Methoden, Theorien, den Arbeitsverlauf sowie mögliche Ergebnisse dar. So können z.B. für den Schimmelreiter von Theodor Storm die wichtigsten Küstenszenen zusammengetragen, ihre narrative Funktion analysiert und deren Umsetzung in Filmen, die den Schimmelreiter zum Thema haben, erfolgen. Auf diese Weise ließe sich die narrative Rolle von Küstenlandschaften im Roman selbst und in filmischen Adaptionen analysieren, die im Dritten Reich den Friesen als idealtypischen widerstandsfähigen Deutschen entwerfen: Die narrative Rolle der Landschaft, ihre Sinnstiftung für eine friesische Identität und deren politische Instrumentalisierung während des Dritten Reichs könnten detailliert analysiert werden. Eine andere Gruppe könnte sich wiederum den Konflikten um den Nationalpark Schleswig-Holsteinisches Wattenmeer widmen, während eine weitere Gruppe die geologische Entstehungsgeschichte der nordfriesischen Landschaft untersucht. Im Rahmen der Gruppenpräsentation ginge es dann darum, die Ergebnisse des Projekts für einen Vortrag vor der Klasse oder im Rahmen einer Ex-

kursion vorzubereiten und Anknüpfungspunkte an das Rahmenthema Küstenlandschaften und IKZM herzustellen. Dabei sollte keine Synthese der unterschiedlichen Perspektiven und Ergebnisse angestrebt werden, sondern vielmehr im Rahmen eines Präsentationsworkshops Konvergenzen und Divergenzen aufgespürt und Möglichkeiten einer Integration diskutiert werden. Auf diese Weise wird zumindest die kulturelle wie natürliche Vielfalt einer Küstenlandschaft deutlich. In einer abschließenden Auswertung wäre es dann wichtig, dass jeweils die Gruppen und der Lehrende einen Abgleich mit den in der Projektskizze aufgeführten Arbeiten und den antizipierten Ergebnissen vornehmen, die Art der Umsetzung und Präsentation kritisch reflektieren und Schritte für die Integration der Analysen in ein von Schülern entworfenes IKZM erörtern: Das Folgethema wäre ein Schüler-IKZM. Hierzu müssten in gemeinsamer Arbeit Ansätze des IKZM erarbeitet, Umsetzungsmöglichkeiten in der Diskussion erörtert und dann ein exemplarischer Ansatz entwickelt werden. Der Reiz könnte darin bestehen, die Ergebnisse mit Wissenschaftlern auf deren Konsistenz und deren Anwendbarkeit hin zu diskutieren, denn nicht selten lernen Lehrende aus den Fragen und Arbeiten der Lernenden.

Neben der hier stark verkürzten Darstellung eines Projektunterrichts mit dem Thema Küstenlandschaften und IKZM gibt es noch eine Reihe weiterer interessanter Themen, die sich im Rahmen eines Projektunterrichts durchaus auch komparativ – also im europäischen Kontext – untersuchen ließen, z. B.:

- Natürliche und soziale Konsequenzen von Ölunfällen und Tankerunglücken,
- Konflikte in und um Nationalparke und Naturschutzgebiete,
- Geschichte und gesellschaftliche Rolle des Deichbaus

Schnell stellt sich die Frage nach der Umsetz- oder Machbarkeit solcher Unterrichtsprojekte.

Die hier recht impressionistisch dargestellten Überlegungen stellen nicht mehr als erste Überlegungen für einen Projektunterricht dar, für den eine fachdidaktische Ausdifferenzierung in Zusammenarbeit mit schulischen Praktikern mehr als notwendig ist. Dies übersteigt zum einen den inhaltlichen Umfang dieses Beitrags und zum anderen – und das ist viel wichtiger – auch die pädagogische wie didaktische Kompetenz des Autors. Die hier dargestellten Überlegungen mögen deshalb als Anregung für einen küsten-bezogenen Projektunterricht aus einer aktuellen wissenschaftlichen Diskussion heraus dienen, die die Rolle von Küstenlandschaftsforschung für das IKZM ernst nimmt und gleichzeitig Aspekte wie Handlungsorientierung, Selbstorganisation und Gruppenarbeit im schulischen Unterricht als wichtig veranschlagt: Ganzheitliche und problembezogene Lösungen können nur von denen entwickelt werden, die interdisziplinär und holistisch denken, arbeiten und Problem lösen gelernt haben.

4. Abschließende Betrachtung oder Küstenlandschaftsforschung und IKZM quo vadis?

Ich habe in meinem Beitrag versucht, eine möglichst verständliche Einführung in den teilweise recht komplexen und interdisziplinären Gegenstand der Kulturlandschaftsforschung zu geben. Die Relevanz und die Potenziale von Küstenlandschaften für das IKZM wurden mir in einer Reihe von interdisziplinären Forschungsprojekten deutlich, in denen die Kulturlandschaftsforschung von einigen Wissenschaftlern leider als sinn- oder nutzlos eingeschätzt wurde. Das Primat einer rationalen Kommunikation objektiver wissenschaftlicher Fakten besteht nach wie vor und das vor dem Hintergrund einer endlosen Reihe von Misserfolgen und unterschiedlichen Managementansätzen wie dem des IKZM. Es ist zwar Mode geworden, Sozial- und Geisteswissenschaftler bei Projektanträgen mit an Bord zunehmen, aber dies geschieht in vielen Fällen nur, weil die entsprechenden Ausschreibungen dies explizit einfordern. Intern wird dann weiter das *Mantra* einer objektiven Kommunikation wiederholt oder entsprechende Informationen eingefordert, wo man denn die Konfliktpartner abholen solle. Dabei wird übersehen, dass Forschung keine wertfreie Perspektive auf den Forschungsgegenstand darstellt, sondern vielmehr selber Teil des Problems ist – die Wissenschaftsforschung wird nicht müde, dies zu betonen.

Eine ganzheitliche und problemorientierte Lösungsstrategie ist notwendig, um ein konsistenteres und problembezogenes IKZM zu entwickeln, das auf einer symmetrischen Ebene kulturelle, ökologische und ökonomische Aspekte verbindet und nicht ausschließlich im Namen einer wie auch immer gearteten Natur und ihrer Bedürfnisse spricht. Die Herausforderung besteht nach wie vor in einer Dekonstruktion der veralteten Dichotomie von Natur und Kultur, die durch eine integrierte Erforschung von Natur-Kultur-Mixen ersetzt werden könnte, wie sie uns an Küsten in all ihrer Vielfalt begegnen. Dass und wie solchen Entwicklungen auch im Rahmen des Unterrichts an Schulen Rechnung getragen werden könnte, habe ich versucht im letzten Kapitel skizzenartig darzustellen. Küstenlandschaften sind ein spannender Forschungsgegenstand und deswegen sollten neben ihrer ganzheitlichen Erforschung auch die „[…] best local practices […]"[13] (Groenfeld 2003: 924) implementiert werden. Inwiefern das möglich sein wird, wird sich zeigen: It's a long way to Tipperary…

[13] Groenfeld ist der Überzeugung, dass nur mit der Implementierung der besten lokalen Methoden oder Praktiken Konflikte beim Umweltmanagement vermieden werden können. Menschen vor Ort haben in vielen Fällen ein sehr detailliertes und genaues Wissen z.B. über „ihr" Ökosystem. Dieses Wissen muss zusammen mit wissenschaftlichem Wissen für ein nachhaltiges Wirtschaften genutzt werden.

Literatur

ALLEMEYER, M.-L. (2006): „Kein Deich ohne Land…!" Lebenswelten einer Küstengesellschaft in der frühen Neuzeit. Göttingen: Vandenhoeck und Ruprecht.

BENSON, R. (2005): The farm. The story of one family and the English countryside. London: Peguin.

BESS, M. (2003): The light-green society: Ecology and technological modernity in France, 1960-2000. Chicago: University of Chicago Press.

BOISSEVAIN, J. & T. SELWYN (eds.) (2004): Contesting the foreshore: Tourism, society and politics on the coast. Amsterdam: Amsterdam University Press.

CORBIN, A. (1990): Le territoire du vide: L'Occident et le désir du rivage, 1750-1840. Paris: Flammarion.

COSGROVE, D. E. (1998): Social formation and symbolic landscape. Madison: University of Wisconsin Press.

COSGROVE, D.E. & S. DANIELS (eds.) (1988): The iconography of landscape: Essays on the symbolic representation, design and use of past environments. Cambridge: Cambridge University Press.

CROUCH, D. (2000): Introduction. In: Cook, I., S. Naylor & J.R. Ryan (eds.): Cultural turns/Geographical turns. London: Prentice Hall.

DANIELS, S. (1993): Fields of vision: Landscape imagery and national identity in England and in the United States. Cambridge: Polity Press.

DANNENBERG, H.-E., N. FISCHER & F. KOPITZSCH (eds.) (2006): Land am Fluss. Beiträge zur Regionalgeschichte der Niederelbe. Stade: Landschaftsverband Stade.

DÖRING, M. (2002): Von der Wundergeschichte zum fait divers. Untersuchungen zur Berichterstattung über Kometen in französischen canards an der Wende vom 16. zum 17. Jahrhundert. In: Nitsch, W. & B. Teuber (eds.): Vom Flugblatt zum Feuilleton. Mediengebrauch und ästhetische Anthropologie in historischer Perspektive. Tübingen: Narr, 129-145.

DÖRING, M. (im Druck): Between landscape and seascape: The relevance of ‚coastscape-research' for Integrated Coastal Zone Management. In: Landscape Research.

DÖRING, M. (2005): Die narratologische Küste. Küstenbilder in zwei Romanen und Kurzgeschichten Guy de Maupassants. In: Döring, M., W. Settekorn & H. von Storch (eds.): Küstenbilder, Bilder der Küste: Interdisziplinäre Ansichten, Ansätze und Konzepte. Hamburg: Hamburg University Press, 181-218.

DÖRING, M., W. SETTEKORN & H. VON STORCH (eds.) (2005): Küstenbilder, Bilder der Küste: Interdisziplinäre Ansichten, Ansätze und Konzepte. Hamburg: Hamburg University Press.

DUNCAN, J. (1990): The city as text. The politics of landscape interpretation in the Kandayan Kingdom. Cambridge: Cambridge University Press.

DUNCAN, J. & N. DUNCAN (1988): (Re)reading the landscape. In: Environment and Planning D: Society and Space 6, 117-126.

FISCHER, L. (ed.) (1997a): Kulturlandschaft Nordseemarschen. Westerhever: Hever Verlag.

FISCHER, L. (1997b): Die Ästhetisierung der Nordseemarschen als ‘Landschaft'. In: Fischer, L. (ed.): Kulturlandschaft Nordseemarschen. Westerhever: Hever Verlag, 201-231.

FISCHER, L. (ed.) (2005a): Das Wattenmeer: Kulturlandschaft hinter den Deichen. Stuttgart: Theiss.

FISCHER, L. (2005b): Die Halligen – Im Flug übers Wattenmeer. In: Fischer, L. (ed.): Das Wattenmeer: Kulturlandschaft hinter den Deichen. Stuttgart: Theiss, 106-121.

FISCHER, L. (2005c): Naturbilder und Naturverhältnisse: Deutungen der Küste im Wattenmeerraum als Herausforderungen für >sustainable development<. In: Glaeser, B. (ed.):

Küste, Ökologie und Mensch. Integriertes Küstenzonenmanagement als Instrument nachhaltiger Entwicklung. München: Oekom Verlag, 117-156.

FISCHER, N. (2003): Wassersnot und Marschengesellschaft: Zur Geschichte der Deiche in Kehdingen. Stade: Landschaftsverband Stade.

FISCHER, N., S. MÜLLER-WUSTERWITZ & B. SCHMIDT-LAUBER (eds.) (2007): Inszenierungen der Küste. Berlin: Reimer.

GEE, K. (2006): Landscape and wind power. Paper presented at the workshop Tides of Change, Tönning.

GEE, K., A. KANNEN & H. STERR (2000): Integrated Coastal Zone Management: What lessons for Germany and Europe? Empfehlungen und Ergebnisse der Ersten Deutschen Konferenz zum Integrierten Küstenzonenmanagement. Forschungs- und Technologiezentrum Westküste, Bericht Nr. 21, Büsum.

GLAESER, B. (ed.): Küste, Ökologie und Mensch. Integriertes Küstenzonenmanagement als Instrument nachhaltiger Entwicklung. München: Oekom.

GROH, D., M. KEMPE & F. MAUELSHAGEN (eds.) (2002): Naturkatastrophen. Zu ihrer Wahrnehmung, Deutung und Darstellung von der Antike bis ins 20. Jahrhundert. Tübingen: Narr, 299-325.

GROENFELD, D. (2003): "The future of indigenous values: Cultural relativism in the face of economic development". In: Futures 35, 917-929.

HABER. W. (2007): Vorstellungen über Landschaft. In: Busch, B. (ed.): Jetzt ist die Landschaft ein Katalog voller Wörter. Beiträge zur Sprache der Ökologie. Göttingen: Wallstein, 78-85.

HASSE, J. & L. FISCHER (2001). Historical and current perceptions of landscapes in the Wadden Sea Region. In: Vollmer, M., M. Guldberg, M. Maluck, D. Marrewijk & G. Schlicksbier (eds.): Landscape and cultural heritage in the Wadden Sea Region – Project Report. Wadden Sea Ecosystem No. 12. Common Wadden Sea Secretariat, Trilateral Monitoring and Assessment Group. Wilhelmshaven, Germany, 72-97.

HARTAU, J. (2005): Die Grenzerfahrung der Zivilisation: Die Küste. In: Döring, M., W. Settekorn & H. von Storch (eds.): Küstenbilder, Bilder der Küste: Interdisziplinäre Ansichten, Ansätze und Konzepte. Hamburg: Hamburg University Press, 77-108.

HINCHELIFFE, S. & S. WOODWARD (2004) Afterword. In: Hincheliffe, S. & S. Woodward (eds.): The natural and the social: Uncertainty, risk, change. London: Routledge, 153-158.

HOBSBAWM,E. & T. RANGER (eds.) (1992): The invention of tradition. Cambridge: Cambridge University Press.

INGOLD, T. (1993): The temporality of landscape. In: World Archaeology 25, 152-174.

JAKUBOWSKI-TIESSEN, M. (1992): Sturmflut 1717: Die Bewältigung einer Naturkatastrophe in der frühen Neuzeit. München: Oldenbourg.

JAKUBOWSKI-TIESSEN, M. (1997): Mentalität und Landschaft. Über Ängste, Mythen und die Geister des Kapitalismus. In: Fischer, L. (ed.): Kulturlandschaft Nordseemarschen. Westerhever: Hever Verlag, 129-143.

KANNEN, A. (2000): Analyse ausgewählter Ansätze und Instrumente zu Integriertem Küstenzonenmanagement und deren Bewertung. http://www.eucc-d.de/infos/Dissertation_Kannen.pdf [Abrufdatum: 23.03.2007].

KIRCHHOFF, Th. & L. TREPL (eds.) (2009): Vieldeutige Natur. Landschaft, Wildnis und Ökosystem als kulturgeschichtliche Phänomene. Bielefeld: Transcript.

KNOTTNERUS, O.S. (1997): Agrarverfassung und Landschaftsgestaltung in den Nordseemarschen. In: Fischer, L. (ed.): Kulturlandschaft Nordseemarschen. Westerhever: Hever Verlag, 87-105.

KNOTTNERUS, O.S. (2001): The Wadden Sea Region: A unique cultural landscape. In: Vollmer,

M., M. Guldberg, M. Maluck, D. Marrewijk & G. Schlicksbier (eds.): Landscape and cultural heritage in the Wadden Sea Region - Project Report. Wadden Sea Ecosystem No. 12. Common Wadden Sea Secretariat, Trilateral Monitoring and Assessment Group, Wilhelmshaven, Germany, 12-71.

KNOTTNERUS, O.S. (2007): Eine gefahrvolle Existenz: Zur inhärenten Ambivalenz der frühneuzeitlichen Küstengesellschaft. In: Fischer, N., S. Müller-Wusterwitz & B. Schmidt-Lauber (eds.): Inszenierungen der Küste. Berlin: Reimer, 107-149.

KRAUSS, W. (2005): Coastal environment made public: Notes from the field. In: Latour, B. & P. Weibel (eds.): Making Things Public – Atmospheres of Democracy. Cambridge (MA): The MIT Press, 398-403.

KRAUSS, W. (2008a): European Landscapes: Heritage, Participation and Local Communities. In: Graham, B. & P. Howard (eds.): The Ashgate Research Companion to Heritage and Identity. Farnham: Ashgate Publishers, 637-659.

KRAUSS, W. (2008b): Die >goldene Ringelgansfeder<. Dingpolitik an der Nordseeküste. In: Kneer, G., M. Schroer & E. Schüttelpelz (eds.): Bruno Latours Kollektive. Kontroversen zur Entgrenzung des Sozialen. Frankfurt: Suhrkamp, 425-456.

KRAUSS, W. & M. DÖRING (2003): Zwischen Globalismus und Populismus: Die Debatte um die Anmeldung des Wattenmeers als UNESCO-Welterbe. In: Döring, M., G. Engelhardt, P. Feindt & J. Ossenbruegge (eds.): Stadt-Raum-Natur: Die Metropole als politisch konstruierter Raum. Hamburg: Hamburg University Press, 133-147.

LATOUR, B. (1993): We have never been modern. Cambridge (MA): Harvard University Press.

LENČEK, L. & G. BOSKER (1999): The beach: The history of paradise on earth. London: Penguin.

LEHMANN, A. (2002): Von Menschen und Bäumen. Die Deutschen und ihr Wald. Reinbek: Rohwolt.

LEHMANN, A. & K. SCHRIEWER (2000): Der Wald – Ein deutscher Mythos? Berlin: Reimer.

LENZ, S. (2000): Von der Wirkung der Landschaft auf den Menschen. In: Lenz, S. (ed.): Über den Schmerz. Deutscher Taschenbuch Verlag: München, 31-54.

LONG, N. (1992): From paradigm lost to paradigm regained. The case of actor-oriented sociology of development. In: Long, N. & A. Long (eds.): Battlefields of knowledge: The interlocking of theory and practice in social research and development. London: Routledge, 16-43.

MURDOCH, J. & J. CLARK (1994): Sustainable Knowledge. In: Geoforum 25, 115-132.

MÜLLER-WUSTERWITZ, S. (2007): Das Bild der Küste in der niederländischen Kunst des 16. und 17. Jahrhunderts. Facetten eines nationalen Motivs. In: Fischer, N., S. Müller-Wusterwitz & B. Schmidt-Lauber (eds.): Inszenierungen der Küste. Berlin: Reimer, 46-85.

OLWIG, K. (1996): Recovering the substantive nature of landscape. In: Annals of the Association of American Geographers 86, 305-319.

RADKAU, J. (2002): Natur der Macht. Weltgeschichte der Umwelt. München: C.H. Beck.

RATTER, B., M. LANGE & C. SOBIECH (2009): Heimat, Umwelt, Risiko an der deutschen Nordseeküste – Die Küstenregion aus Sicht der Bevölkerung. GKSS-Forschungszentrum Geesthacht Bericht 2009/X, Geesthacht.

REDCLIFT, M. (1992): The meaning of Sustainable Development. In: Geoforum 23, 395-403.

ROBERTSON, I. & P. RICHARDS (2003): Introduction. In: Robertson, I. & P. Richards (eds.): Studying cultural landscapes. London: Arnold, 2-12.

SCHAMA, S. (1995): Landscape and Memory. London: Verso.

SEGEBERG, H. (1997): Der Friese als Schimmelreiter? Zur Heroisierung der Marschenbewohner in Literatur und Film. In: Fischer, L. (ed.): Kulturlandschaft Nordseemarschen. Westerhever: Hever Verlag, 233-251.

SETTEKORN, W. (2005): Sprache und Bild in der Küstenwerbung. Zu Elementen der Konzeptualisierung von Küstenbildern. In: Döring, M., W. Settekorn & H. von Storch (eds.): Küstenbilder, Bilder der Küste: Interdisziplinäre Ansichten, Ansätze und Konzepte. Hamburg: Hamburg University Press, 219-274.

STEENSEN, Th. (2000): Das große Nordfrieslandbuch. Hamburg: Ellert und Richter.

STOCK, M. et al. (1996): Ökosystemforschung Wattenmeer. Synthesebericht. Grundlagen für einen Nationalparkplan. Heide: Boyens.

VON STORCH, H. (2005): Modelle: Naturwissenschaftlich – mathematische Konstrukte von Küste. In: Döring, M., W. Settekorn & H. von Storch (eds.): Küstenbilder, Bilder der Küste: Interdisziplinäre Ansichten, Ansätze und Konzepte. Hamburg: Hamburg University Press, 275-286.

VALLEGA, A. (1999): The role of integrated scientific approach facing the changing ocean policy. The case of the Mediterranean. In: Progress in Oceanography 44, 411-31.

VALLEGA, A. (2001a): Focus on Integrated Coastal Management – Comparing perspectives. In: Ocean and Coastal Management 44, 119-134.

VALLEGA, A. (2001b): Ocean governance in postmodern society – A geographical perspective. In: Marine Policy 25, 399-414.

VISSER, L.E. (ed.) (2004). Challenging coasts. Transdisciplinary excursions into Integrated Coastal Zone Development. Amsterdam: Amsterdam University Press.

WINIWATER, V. & M. KNOLL (2002): Umweltgeschichte: Eine Einführung. Stuttgart: UTB.

WARNKE, M. (2004): Political landscape: The art history of nature. Reaction Books. Havard: Havard University Press.

WYNNE, B. (1996): May the sheep safely graze? A reflexive view of the expert-lay knowledge divide. In: Lash, S., B. Szerszynski & B. Wynne (eds.): Risk, environment and modernity: Towards a new ecology. London, Sage, 44-83.

Martin Döring
Universität Hamburg
FSP BIOGUM
Falkenried 94, D-20251 Hamburg
doering@metaphorik.de
http://www.uni-hamburg.de/fachbereiche-einrichtungen/fg_ta_med/doering.html

Partizipative Planungsprozesse im Küstenraum –
Ein Beitrag zur geographischen Bildung für nachhaltige Entwicklung [1]

Antje Bruns

erschienen in: Hamburger Symposium Geographie, Band 1, Hamburg 2009: 61-77

Der soziale, politische und sachliche Kontext in dem räumliche Planungsprozesse stattfinden, verändert sich permanent (Fürst 2004: 239). Zurzeit wirkt vor allem das Europäische Gemeinschaftsrecht stark auf die Aufgaben und das Selbstverständnis der Raum- und Umweltplanung. Dies wird im vorliegenden Artikel anhand des Integrierten Küstenzonenmanagements (IKZM) und des Flussgebietsmanagements (FGM) gezeigt. Die neuen Steuerungsansätze für Küstenregionen und Flussgebiete basieren auf Prinzipien, die schlagwortartig mit *ökosystembasiertes Management, Partizipation, Kooperation und Dialogorientierung* umrissen werden können. Das IKZM-Konzept und die Wasserrahmenrichtlinie (WRRL) stehen stellvertretend für diese neuen räumlichen Steuerungsansätze, die vorwiegend aus zwei Gründen entstanden: (a) viele Umweltprobleme wurden mit den bisherigen Regelungsinstrumenten nicht gelöst und (b) die Nutzungsintensität nimmt weiter zu, wodurch nicht nur die potentielle Umweltbelastung steigt, sondern auch die Anzahl potentieller Nutzungskonflikte. Aus diesem Grund wurde die Umweltpolitik weiterentwickelt, deren normativer Rahmen sich an dem Konzept der Nachhaltigkeit seit Mitte der 1980er Jahre

ausrichtet. So soll IKZM zu einer nachhaltigen Entwicklung im Küstenraum beitragen und die WRRL eine nachhaltige Bewirtschaftung der Wasserressourcen ermöglichen.

Das Thema im Geographie-Unterricht

Im vorliegenden Artikel wird auf die neue europäische Umweltpolitik am Beispiel von IKZM und der WRRL eingegangen und deren Umsetzung auf regionaler Ebene an der Westküste Schleswig-Holsteins analysiert. Europäisches Gemeinschaftsrecht existiert jedoch nicht zum Selbstzweck, sondern setzt bei konkreten Problemen – in diesem Fall: Umweltproblemen – an. Umweltprobleme sind definiert als „anthropogene Veränderungen in der Natur, die negativ bewertet werden" (Hirsch, zitiert aus Frischknecht et al. 2008: 12). Dieser Zugang deckt sich mit dem Anspruch des Hamburger Lehrplans für die gymnasiale Oberstufe, Raum als Wirkungsgefüge physischer und anthropogener Faktoren zu konzeptualisieren. Diesem Ansatz liegt ein Raumkonzept zugrunde, das auch als „Container-Raum" (Wardenga 2002) bekannt ist.

Abgesehen von den curricularen Vorgaben, die das Thema Küste und Meer sowie verschiedene Raumkonzepte im Lehrplan verankern,

---

[1] Wesentliche Teile dieses Beitrags basieren auf der Doktorarbeit von A. Bruns, die an der Christian-Albrechts-Universität Kiel mit dem Titel „Governance im Küstenraum. Der Wandel der Umweltpolitik am Beispiel des Integrierten Küstenzonenmanagements und der Wasserrahmenrichtlinie" erstellt wird. Die Arbeit wird voraussichtlich Ende 2009 erscheinen.

gibt es noch einen weiteren gewichtigen Grund, die aktuelle Umweltpolitik zum Gegenstand des Geographie-Unterrichts zu machen. Denn die Umsetzung des Nachhaltigkeitskonzepts kann nur gelingen, wenn das Individuum die Kompetenz zur Beteiligung an Verständigungs- und Entscheidungsprozessen hat und in der Lage ist, sich eigenständig Informationen zu beschaffen, diese auch bewerten kann, kooperationsfähig ist und die Fähigkeit zum vorausschauenden Planen besitzt (Transfer 21 2009: 4). In der Agenda 21 wird ausführlich dargelegt, dass nachhaltige Entwicklung unter anderem über Bildung erreichbar ist (vgl. Artikel 36 der Agenda 21, UNCED 1992). Geographische Bildung ist somit eine Strategie zur Implementierung nachhaltiger Entwicklung (vgl. IGU 2007 Luzerner Erklärung).

Umweltprobleme im Küstenraum

Wie oben bereits erwähnt verfolgt die europäische Umweltpolitik das Ziel, aktuelle Umweltprobleme zu lösen. Beispielhaft und nicht vollständig sind im Folgenden ausgewählte Belastungsursachen und Wirkungsmechanismen genannt, die für Küsten- und Meeresräume typisch sind (vgl. EU 1997):

- Die Landwirtschaft ist mitverantwortlich für hohe Nährstofffrachten in den Flüssen, die schließlich in Nord- und Ostsee landen und dort zur Eutrophierung führen. So kommt es mittlerweile fast jedes Jahr in der Ostsee zu einem sommerlichen Sauerstoffdefizit, das je nach Ausmaß und Intensität zu Fischsterben führt.

- Küstenregionen sind seit langem ein touristischer Magnet, womit aber auch – beispielsweise durch den Bau neuer Infrastrukturen – Umweltbeeinträchtigungen verbunden sind. Auch wenn der Küstentourismus in den letzten Jahren stagnierte, gehen einige Klimaszenarien davon aus, dass der Tourismus infolge des Klimawandels an Nord- und Ostsee steigt, weil die Mittelmeerregion in den Sommermonaten mit zu hohen Temperaturen zunehmend unattraktiver für Touristen wird.

- Die Schifffahrt führt zu Schiffsemissionen, Wasserverschmutzung durch Öleinträge und/ oder zur Einschleppung gebietsfremder Arten im Ballastwasser. Da die Schifffahrt weiterhin zunehmen wird, werden voraussichtlich auch die Belastungen steigen.

- Die nicht nachhaltige Fischerei führte zur weltweiten Ausbeutung und Übernutzung der Fischbestände. Der WWF spricht davon, dass 77% aller wirtschaftlichen genutzten Fischarten bis an ihre Grenzen ausgebeutet oder überfischt sind (WWF 2007: 4). Davon sind auch die europäischen Meere betroffen, weil sich die europäische Fischereipolitik bislang als nahezu wirkungslos herausstellte.

- Die jüngste Entwicklung sind großflächige Offshore-Windparke in der deutschen Ausschließlichen Wirtschaftszone, die bereits seit einigen Jahren diskutiert werden und deren Umsetzung im Sommer 2009 begonnen hat. Damit wird eine neue, bis dahin nicht gekannte Nutzung im Meeresraum etabliert, deren Wirkungen auf die marine Umwelt nur vage abgeschätzt werden können.

Abgesehen von den möglichen Umweltbeeinträchtigungen, die von einer flächendeckenden Inanspruchnahme des Meeres durch Offshore-Windparke ausgehen, machten die eingereichten Baugenehmigungen auf ein ganz anderes Problem aufmerksam: Es gab und gibt für das Meer keine überfachliche und überörtliche Raumplanung, die raumbedeutsame Vorhaben koordinieren hilft. Dies ist aber zwingend erforderlich, denn neben Umweltbelastungen unterschiedlicher Art, kommt es zwischen den

Raumnutzern immer wieder zu gegensätzlichen Interessen, die im Einzelfall zu Konflikten führen. Wiederum das Beispiel Offshore-Windparks: Der Bau von Windparks kann nur erfolgen, wenn der Schiffsverkehr diese Gebiete meidet und auch für die Fischerei werden die Parke weitgehend gesperrt sein, um Kollisionsrisiken und Havarien zu vermeiden. Aus diesem Grund klagten mehrere Fischer gegen den Bau einzelner Parke, weil sie um Fanggründe und damit ihre wirtschaftliche Existenz fürchten. Es existiert somit ein Konflikt zwischen der Fischerei und den Energiefirmen, die Windparke auf dem Meer bauen wollen. Ein weiteres geläufiges Beispiel für Nutzungskonflikte im terrestrischen Küstenraum ist der Gegensatz zwischen Naturschutz und Landwirtschaft. Gerade in Schleswig-Holstein mit der Lage am weltweit einzigartigen Wattenmeer, das als Nationalpark und seit Juni 2009 auch als UNESCO Weltnaturerbe ausgewiesen ist und der sehr intensiven landwirtschaftlichen

Nutzung, kommt es regelmäßig zu Kontroversen zwischen den jeweiligen Vertretern der Interessengruppen.

Die Raum- und Umweltplanung ist demnach vor die Herausforderung gestellt, zwei unterschiedliche Zieldimensionen mit ihren Steuerungsinstrumenten anzusprechen. Erstens gilt es die bestehenden Umweltprobleme zu lösen (inhaltliche Dimension) und zweitens müssen unterschiedliche Ansprüche an den Raum koordiniert werden (prozedurale Dimension). Übertragen auf das deutsche Rechtsregime sind daher von der europäischen Umweltpolitik sowohl die Raumordnung (Abwägung, Koordination, Konfliktminimierung) und die Umweltplanung (Schutz der natürlichen Umwelt) betroffen. Warum es in der Vergangenheit weder zu einer deutlichen Verbesserung des Umweltzustandes kam, noch die Raumnutzungskonflikte beigelegt wurden, wird im folgenden Kapitel erörtert.

1. Räumliche Steuerung durch Raum- und Umweltplanung im Küstenraum

Die bisherigen planerischen Ansätze im Küstenraum sind in mehrfacher Hinsicht defizitär, um die genannten Aufgaben zu bewältigen und neuen Herausforderungen – beispielsweise dem Klimawandel – zu begegnen. Die Defizite werden nachfolgend verkürzt dargestellt (ausführlich: siehe Bruns in Vorbereitung):

- Hierarchischer Steuerungsanspruch: Mit Gesetzen und Verordnungen sollen die Vorstellungen des Staates unabhängig von den Interessen der Betroffenen realisiert werden. Bei diesem Steuerungsverständnis werden die Adressaten der Politik und die Komplexität der Themenfelder vernachlässigt (vgl. Benz 1994), so dass in der Folge zwar Gesetze erlassen, diese aber wegen mangelnder Akzeptanz nicht umgesetzt werden. Seit Mitte der 1990er Jahre kommt es daher zu einem

Wandel der Staatlichkeit, der mit dem Slogan „vom hierarchischen zum kooperativen Staat" beschrieben wird (Walkenhaus 2006: 44f). Viele der im Folgenden beschriebenen Defizite räumlicher Steuerung hängen eng mit diesem Aspekt zusammen.

- Handlungslogik der Verwaltung ist nicht auf Problemlösungen ausgerichtet: Die konventionelle Verwaltung versteht sich „ausschließlich als rechtsanwendende und rechtsumsetzende Verwaltung, (…) die sich für den ‚Erfolg' oder das ‚Ergebnis' im Sinne der ‚Wirksamkeit' oder der ‚Effektivität' ihres Handelns nicht interessiert (…)" (Fürst 2004: 241). Eine auf ganzheitliche Problemlösungen ausgerichtete Verwaltung muss sich daher verändern. Für neue Aufgaben und Herausforderungen ist vor allem eine Dialogorientierung nötig.

- Umsetzung der Pläne wurde vernachlässigt: Räumliche (Umwelt-)Planung kann nicht beim ‚Pläne-Machen' enden. Der Bereich der Umsetzung ist ein wichtiger Handlungsbereich in der Raum- und Umweltplanung, der neue Strukturen benötigt, damit Abstimmungsprozesse zwischen Akteuren erfolgen können.

- Sektorale Herangehensweisen verhinderten Problemlösungen: Die Umweltplanung zielt separat auf die einzelnen Schutzgüter (Boden, Luft, Wasser etc.); mit dem Scheitern des Umweltgesetzbuches Anfang des Jahres 2009 sank die Chance, dass es zu integrierten Ansätzen kommt. Im Rahmen von Fachplanungen, die einzelne Nutzungen behandeln (Schifffahrt, Landwirtschaft, Wasserwirtschaft etc.), werden zu den Schutzgütern Zielfestlegungen getroffen, die nicht immer ein kohärentes Bild ergeben. Eine von Anfang an ganzheitliche Betrachtungsweise soll das Defizit sektoraler Herangehensweisen beheben.

- Erarbeitung der Planungen durch geschlossene Akteurskreise: Ein wesentlicher Grund für die Vollzugsprobleme staatlicher Planung ist, dass ein Akteurssystem für die Planerarbeitung und ein anderes Akteurssystem für die Planumsetzung zuständig ist. Derzeit weitet sich das Akteursspektrum und insbesondere Elemente wie Kommunikation, Partizipation und Kooperation gewinnen an Bedeutung.

- (Verwaltungs-)Grenzen verhindern integriertes Vorgehen: Der räumliche Bezug orientiert sich bei der Raum- und Umweltplanung an administrativen Grenzen, was aber meist weder für Belange des Naturraums noch des Sozialraums angemessen ist. Young (1999) spricht daher von einem ‚problem of fit': „It asserts that the effectiveness of social institutions is a function of the match or fit between an institution and the relevant biogeophysical system with which they interact. The better the match or fit between an institution and the relevant biophysical system(s), the more effective the institution will be." (Young 1999: o.S.). Aufbauend auf diese Überlegungen, definieren räumliche Managementansätze zunehmend eigene Bezugsrahmen, deren räumliche Grenzen von spezifischen Fragestellungen und Aufgaben bestimmt werden. Im Rahmen eines IKZM sind es nunmehr ganze Küstenräume, in denen die Koordination und Steuerung räumlicher Aktivitäten erfolgen sollen. Die Wasserrahmenrichtlinie hingegen agiert in ganzen Flusseinzugsgebieten, um die Gewässerqualität zu verbessern.

In der Gesamtschau ist demnach festzuhalten, dass die bisherige Raum- und Umweltplanung viele Defizite aufweist und dadurch keine adäquaten Instrumente bereit halten kann, um die an sie gestellten Aufgaben zu bewältigen. Daher wird die formelle räumliche Planung zunehmend mit informellen Verfahren [2] ergänzt. Damit geht eine Öffnung des Akteursspektrums und eine Verschiebung der Bedeutung räumlicher Planungsebenen einher: Die europäische Ebene und gleichzeitig die regionale Ebene werden wichtiger (vgl. Fürst 2004, Mayntz 2004, Selle 2007). Die europäische Ebene gewinnt an Bedeutung, weil sowohl für Küstenregionen als auch für Flusseinzugsgebiete gilt, dass eine kohärente Politik nicht an nationalstaatlichen Grenzen Halt machen kann. Die regionale Ebene wird aufgewertet, weil Akteure vor Ort in die Umsetzung der Politik eingebunden werden müssen, wenn allgemein akzeptierte Lösungen gefunden werden sollen. Dafür sind ein Bewusstsein

---

[2] Informelle Verfahren basieren im Gegensatz zu formellen Verfahren auf keinen Rechtsgrundlagen, ihr Ergebnis ist folglich rechtlich nicht bindend. Jedoch liegt ihre Stärke darin, dass sie auf Aushandlungsprozessen zwischen betroffenen Akteuren beruhen und gefundene Lösungen dadurch oftmals tragfähiger sind als klassische top-down Vorgaben.

über regionale Zusammenhänge und der Wille zum kollektiven Handeln notwendig. Dies ist die Grundlage für ein funktionierendes ökosystembasiertes Management, durch das neue Räume „gemacht" werden sollen.

Bezug zum konstruktivistischen Raumkonzept – Räume „machen"

In Rückbezug auf die unterschiedlichen Raumkonzepte, die auch im Lehrplan (Sek 2) Hamburgs genannt werden, lässt sich damit ein direkter Bezug zur konstruktivistischen Perspektive auf den Raumbegriff ableiten. Wie Wardenga (2002) dar-

legt, werden Räume „gemacht" und sind damit „Artefakte von gesellschaftlichen Konstruktionsprozessen" (Wardenga 2002: 2). Übertragen auf die Fallbeispiele wäre aus dieser Perspektive zu fragen, wie Küstenregionen und Flusseinzugsgebiete (aufgrund neuer umweltpolitischer Rahmenbedingungen) durch alltägliches Handeln und Kommunizieren fortlaufend produziert und reproduziert werden. Dieser Prozess der Regionalisierung, verstanden als die kollektive Konstruktion von neuen Handlungsräumen, wird im Folgenden für zwei Fallbeispiele untersucht.

2. Ursprung und Entwicklung einer neuen Wasserpolitik

Der Ursprung der integrierten Managementansätze für den Küstenraum bzw. Flussgebiete liegt im Bereich der Umweltpolitik[3], die ihren Anfang in den 1970er Jahren nahm. In der Startphase der europäischen Umweltpolitik herrschten eher einfache Akteurskonstellationen vor: Öffentliche Akteure griffen steuernd ein und Wirtschaft sowie Zivilgesellschaft nahmen die Maßnahmen hin (Jänicke et al. 2000). Dies änderte sich seit Ende der 1970er Jahre, die Akteurskonstellationen wurden vielfältiger, Interessengruppen organisierten sich professionell und agierten auf unterschiedlichen Raumebenen.

Insbesondere die Tschernobyl-Katastrophe im Jahr 1986 trug zu einer weiteren Institutionalisierung der Umweltpolitik bei. Hinzu kam die Rolle des Europäischen Rats, der die Auffassung vertrat, dass grenzüberschreitende Probleme nur auf europäischer Ebene gelöst werden können. Dennoch ist die Entwicklung dieses Politikfelds ein langwieriger Prozess, auch wenn er durch die Nachhaltigkeitskonferenz in Rio de Janeiro starke Impulse erfuhr.

Integriertes Küstenzonenmanagement (IKZM)

Laut EU wird IKZM definiert als „dynamischer, kontinuierlicher und iterativer Prozess durch den das nachhaltige Küstenzonenmanagement gefördert werden soll" (EU 1999: 16). Damit weist IKZM eine enge Verbindung zum Nachhaltigkeits-Leitbild auf. In so gut wie jedem Dokument zu IKZM findet sich der Hinweis, dass IKZM zu einer nachhaltigen Entwicklung beitragen soll (vgl. GESAMP 1996, Kannen 2000, Ballnus 2004, Daschkeit 2004). Diese sehr allgemeine Zieldefinition von IKZM wurde bislang nicht weiter konkretisiert. Zur Umsetzung des IKZM-Konzepts gibt es bislang lediglich eine unverbindliche Empfehlung. IKZM ist derzeit also dem Charakter nach ein freiwilliges Managementinstrument mit bestimmten Leitprinzipien und -philosophien, das auf nationaler Ebene nicht in einen förmlichen Planungsauftrag mündet. Die Motivation für regionale Akteure sich mit ihrem Handeln an den IKZM-Kriterien zu orientieren, kann sich folglich entweder durch einen hohen Problemdruck oder freiwillig zustande gekommene Nutzenerwägungen ergeben.

---

[3] Die Wasserpolitik bzw. der Gewässerschutz spielte von Anfang an eine herausragende Rolle in der Europäischen Umweltpolitik.

Inhaltlich zielt das IKZM-Konzept auf Land-Meer übergreifende Themen ab und schafft damit einen neuen Handlungsraum. In europäischen Dokumenten zum IKZM-Konzept wird immer wieder betont, dass insbesondere die regionale Ebene – als Mittler zwischen Kommunen und Bund bzw. Europäischer Union – eine bedeutende Rolle spielt. In Kapitel 3 wird die Region Uthlande vorgestellt und gefragt, ob deren Aktivitäten bereits Ansätze eines IKZM-Konzepts enthalten. Deutlich wird, dass die Akteure der Inseln und Halligen durch ihr alltägliches Handeln die Region Uthlande konstruieren. Dies tun sie zielgerichtet, um dadurch einen größeren Einfluss auf politische Entscheidungsprozesse zu erlangen.

Flussgebietsmanagement (FGM) – Umsetzung der Wasserrahmenrichtlinie

Bis zum Inkrafttreten der WRRL im Jahr 2000 basierte die europäische Wasserpolitik auf vielen sektorspezifischen Richtlinien, die sich zum Teil widersprachen bzw. nicht aufeinander abgestimmt waren. Der strenge ordnungsrechtliche Ansatz führte aber nicht zu einem kohärenten Gewässerschutz (vgl. Holzwarth et al. 2002), sondern zu einem Nebeneinander an Einzelnormen. Hinzu kamen erhebliche Vollzugsdefizite bestehender Gesetze, vor allem weil Landbesitzer und Gewässeranrainer nicht mit in den Gewässerschutz einbezogen wurden. Inhaltliches Defizit der bisherigen Gesetze war, dass die Richtlinien die ökologischen und biologischen Funktionen der Gewässer kaum oder gar nicht beachteten. In der Gesamtschau ergibt sich eine Wasserpolitik, die bis zum Jahr 2000 geringe Wirkungen hinsichtlich einer verbesserten Qualität der Gewässer zeigte und Diskussionen über eine Neuausrichtung der europäischen Gewässerpolitik provozierte. Kern der neuen Gewässerpolitik sollte ein ganzheitlicher, integrierender Ansatz sein – ein derartiger Steuerungsansatz trat schließlich im Jahr 2000 mit der WRRL in Kraft.

Die WRRL gilt für alle Gewässer Europas, dazu gehören Oberflächengewässer einschließlich der Übergangs- und Küstengewässer und Grundwasserkörper. Mit der WRRL rückt die gute ökologische Qualität der Gewässer in den Fokus, wobei das Leitbild der WRRL der natürliche Zustand der Gewässer ist, der bis 2015 erreicht werden soll: Die natürliche Vielfalt und Fülle der Gewässerlebensgemeinschaften, die natürliche Gestalt und Wasserführung der Flüsse und Bäche und die natürliche Qualität des Wassers, frei von menschlichen Beeinträchtigungen. Da ein vollkommen natürlicher Zustand im dicht besiedelten Europa nicht erreicht werden kann, wird ein „naturnaher" Zustand angestrebt. Für künstliche oder erheblich veränderte Gewässerkörper gelten andere Umweltziele: hier ist nicht der gute ökologische Zustand entscheidend, sondern das gute ökologische Potential (vgl. Finke 2005).

Wie die Umsetzung der Wasserrahmenrichtlinie in Schleswig-Holstein erfolgt, welche spezifischen organisatorischen Strukturen dafür geschaffen wurden und wie der neue Handlungsraum „Flusseinzugsgebiet" von den beteiligten Akteuren konstruiert wird, ist Gegenstand des 4. Kapitels.

Folgende Tabelle 1 gibt einen Überblick über die zwei Fallstudien dieses Beitrags.

Fallstudien	IKZM: Region Uthlande	WRRL: Flussgebietsmanagement
Ziele des Gemeinschaftsrechts	Nachhaltige Entwicklung im Küstenraum	Gute ökologische Qualität aller Gewässer
Steuerungsansatz	Dialog-Orientierung – Partizipation – Kooperation	
Handlungsraum	Küstenraum, regionaler Ansatz	Flusseinzugsgebiet: Funktionales Vorgehen (Schutzgut Wasser)
Institutionen-Perspektive	bottom-up Initiative	top-down-Ansatz mit bottom-up Elementen

Tab. 1: Fallstudienansatz: IKZM in der Region Uthlande und die Umsetzung der Wasserrahmen-richtlinie an der schleswig-holsteinischen Westküste. Eigene Zusammenstellung.

Beide Fallstudien wurden mit folgenden empirischen Arbeitsmethoden untersucht:

- schriftliche Befragung (quantitative Methoden) der Akteursnetzwerke
- leitfadengestützte Interviews mit Schlüsselakteuren (qualitative Methoden)
- Dokumentenanalyse (Sitzungsprotokolle, Schriftverkehr, Stellungnahmen)
- Teilnehmende Beobachtung an Sitzungen (zusätzliche Informationen siehe Bruns in Vorbereitung)

3. Die Insel- und Halligkonferenz als Beispiel für Integriertes Küstenzonenmanagement

Die Region Uthlande ist in die übergeordnete Ebene der ökologischen Einzigartigkeit des Wattenmeeres einzuordnen (vgl. Abb. 1). Hierbei handelt es sich um die größten zusammenhängenden Wattflächen weltweit. Die nordfriesischen Inseln und Halligen, die im Mittelpunkt der Fallstudie stehen, liegen im Nordwesten Deutschlands, im Bundesland Schleswig-Holstein und im Landkreis Nordfriesland mitten im Wattenmeer. Daraus leitet sich die Bezeichnung der Inseln und Halligen als „Region Uthlande" ab. Uthlande bedeutet so viel wie ‚dem Festland vorgelagert' oder ‚Außenlande'. In der Region Uthlande leben und arbeiten fast 36.000 Menschen auf 320 qkm (Regionale Partnerschaft Uthlande e.V. 2004). Die Inseln und Halligen liegen fernab aller Verkehrswege und sind – bis auf Sylt – nur durch Fähren mit dem Festland verbunden. Die

Abb. 1: Die Region Uthlande.
Quelle: http://www.raum-energie.de/typo3temp/pics/06da4a9db8.gif

niedrige Bevölkerungsdichte verdeutlicht, dass es sich um eine ländlich periphere Region handelt, die in sehr kleinteiligen politisch-administrativen Gefügen agiert: Die Region besteht aus lediglich 3 Ämtern, 2 Städten und 24 Gemeinden. Folgende Themen, die auf Nutzungen bzw. Nutzungsmuster abzielen, sind prägend für die Region:

- Küstenschutz: Nur durch den Küstenschutz ist das Leben und Wirtschaften in der Region Uthlande möglich.
- Tourismus: Der Tourismus ist der wichtigste Wirtschaftsfaktor der Region.
- Landwirtschaft: Die Landwirtschaft ist zwar nicht der dominierende Wirtschaftszweig, prägt aber das Landschaftsbild erheblich.
- Naturschutz: Das Wattenmeer ist ein einzigartiges Ökosystem, bedeutendes Gebiet für Zugvögel und wird daher umfassend geschützt.

Als (externe) Treiber für Entwicklungen in der Region sind zwei Aspekte hervorzuheben: der Klimawandel und der demographische Wandel. Der Klimawandel wurde lange Zeit vorrangig in Zusammenhang zum Küstenschutz diskutiert; erst seit wenigen Jahren setzt sich die Erkenntnis durch, dass auch andere Sektoren (beispielsweise der Tourismus) von einer Klimaveränderung betroffen sind und über geeignete Anpassungsmaßnahmen nachgedacht werden sollte. Der demographische Wandel wirkt unmittelbar auf die sozio-ökonomische Stabilität des Raumes. Zwar blieb die Bevölkerungsentwicklung Nordfrieslands länger als in anderen Regionen stabil, dennoch wird mit einer Abnahme der absoluten Bevölkerungszahl bei gleichzeitiger Überalterung zu rechnen sein (Klein-Hitpaß et al. 2006). Dies wird – wenn auch mit einer gewissen zeitlichen Verzögerung – auf die Elemente der Daseinsvorsorge und insbesondere auf die Zukunftsfähigkeit der Region Auswirkungen zeigen.

Neue Handlungsräume

Da sich die Rahmenbedingungen in der Region Uthlande stark verändern – ausgeprägter Wettbewerb im Tourismussektor, stetig abnehmende Bedeutung der Landwirtschaft, sinkende Bevölkerungszahlen, zunehmende Vulnerabilität gegenüber Umweltveränderungen etc. – gelangen immer mehr regionale Akteure und politische Entscheidungträger zur Ansicht, dass das bestehende institutionelle Gefüge in weiten Teilen nicht mehr zur Bewältigung der Herausforderungen geeignet ist. Daher entwickelten sich seit Ende der 1990er Jahre sukzessive neue Organisations- und Handlungsformen in der Region Uthlande. Wesentlicher Treiber für diese Entwicklung war die Annahme, dass der Einfluss einer einzelnen Kommune zu gering sei, um angesichts der großen Herausforderungen handlungsfähig zu sein (vgl. Abb. 2). Ein Zusammenschluss der Kommunen schien daher attraktiv, zumal die Inseln und Halligen ähnliche strukturelle Charakteristika aufweisen, wie z.B. die Insellage, ländlich periphere Region, einseitige Abhängigkeit vom Tourismus, die hohe Bedeutung des Küstenschutzes und vergleichsweise hohe Vulnerabilität gegenüber Umweltproblemen. In leitfadengestützten Interviews wurde zudem betont, dass die Insulaner schon immer ein ausgeprägtes Streben nach Selbstbestimmung und Unabhängigkeit gehabt hätten. Dies begründe die regionale Identität und stelle einen Vorteil für die netzwerkartige Kooperation der Insel- und Halligkonferenz dar (Bruns in Vorbereitung).

Neue Steuerungsformen – die Insel- und Halligkonferenz

Seit Mitte der 1990er Jahre entwickelte sich auf den nordfriesischen Inseln und Halligen eine interkommunale Kooperation, die noch weitere Institutionen hervorbrachte. Oben wurde bereits angedeutet, dass verschiedene Gründe die Kooperationsneigung der Inselkommunen erhöhten. Regionale Zusammenschlüsse sind – so zumindest die Herangehensweise, die in

Kommunen:

Insel- und Halligkonferenz:

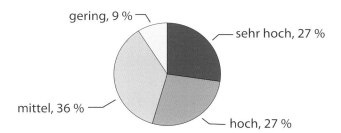

Abb. 2: Wahrgenommener Einfluss einer einzelnen Kommune (links) und der gesamten Insel- und Halligkonferenz (rechts) auf die Entwicklung in der Region Uthlande. Darstellung beruht auf eigenen Daten (vgl. Bruns in Vorbereitung).

dieser Arbeit verfolgt wird – als Prozesse zu begreifen: Die kommunikative Interaktion mit und die Kooperation zwischen Akteuren ist nichts statisches, sondern in fortwährender Weiterentwicklung oder Neubildung begriffen. Insofern kann es auch keinen einzelner Grund für regionale Zusammenarbeit geben, sondern ein Bündel von Gründen. Einige von ihnen werden im Folgenden vorgestellt: Ein wichtiger Anstoß für eine Zusammenarbeit der Insel- und Halliggemeinden ging von dem „Synthesebericht Ökosystemforschung Wattenmeer" aus, der im Jahr 1996 von einem Forschungsverbund vorgelegt wurde und Grundlage der weiteren naturschutzfachlichen und regionalen Entwicklung im Rahmen eines Nationalparkplans sein sollte. Gegen den Synthesebericht und die Art und Weise wie er erstellt wurde – nämlich abseits der öffentlichen Diskussion – regte sich massiver Widerstand, weil die Westküstenbewohner das Gefühl hatten, ihnen würde ein Naturschutzplan übergestülpt, der ihnen Entwicklungsperspektiven nimmt. Da die Akteure jedoch nicht nur gegen etwas sein, sondern aktiv eigene Entwicklungsziele für ihre Region diskutieren und definieren wollten, schlossen sie sich zusammen. Ein weiterer Treiber war die Entwicklungen auf trilateraler Ebene (Niederlande, Deutschland, Dänemark): Seit 1997 besteht eine Euregio im Nordseeraum (Euregio – Die Watten). In dieser Euregio gab es für die nordfriesischen Inseln

und Halligen kein eigenes untergeordnetes Gremium, deshalb lag es nahe, einen Unterverband zu gründen. Dies war die Geburtsstunde der Insel- und Halligkonferenz.

Ausgehend vom Bedarf an Abstimmung und Kooperation bildeten sich allmählich neue institutionelle Gefüge mit einem organisatorischen Kern. Die Notwendigkeit zu institutionellen Neuerungen wurde zudem von einem anderen Ereignis eindringlich unterstrichen: die Pallas-Havarie im Jahr 1998. Die Schiffshavarie der Pallas rüttelte nicht nur die zuständigen Behörden, sondern auch die Inselgemeinden auf. Der Unfall machte eindringlich darauf aufmerksam, dass die zersplitterten Kompetenzen im Meeresraum und die dadurch verursachten Koordinationsschwierigkeiten katastrophale Folgen haben können (Link 2000). Ein Mitglied der Insel- und Halligkonferenz aus Sylt beschreibt die Ereignisse folgendermaßen:

„Die Sylter haben auf das brennende Schiff geguckt, das sie dort abends im Dunkeln haben brennend vorbeiziehen sehen… und es hätte genauso vor Sylt landen können. Und vielleicht waren viele froh, dass es dann vor Amrum strandete, aber trotzdem überwog das Gefühl der Solidarität; es hätte uns genauso treffen können. Und wir stehen jetzt gemeinsam in der Verantwortung Druck zu machen, dafür zu sorgen, dass so etwas nicht noch einmal passiert" (Interview IHKO-03).

Für die Inseln und Halligen kann die Havarie der Pallas als eine Art Weckruf bezeichnet werden, der verdeutlichte wie wichtig es ist, dass die Belange gemeinsam vertreten werden. Angesichts der Herausforderungen und Themen, die auf überregionaler Raumebene entstehen, wurde den Insel- und Halligkommunen immer deutlicher bewusst, dass sie im komplexen Gefüge des politisch-administrativen Systems nicht gehört werden. Um der beschränkten kommunalen Handlungsfähigkeit etwas entgegenzusetzen, wurden auf den Inseln und Halligen interkommunale Kooperationsstrukturen geschaffen, die auf den ersten Blick auch dem IKZM-Gedanken entsprechen, weil es sich dabei um Organisationsformen zum Zweck der Koordination handelt.

Da es den regionalen Akteuren aber nicht allein um Koordinationsaufgaben geht, sondern die Region Uthlande aktiv durch konkrete Projekte voran gebracht werden soll, akquiriert das hauptamtliche Regionalbüro, das durch Mitgliedsbeiträge aller Kommunen finanziert wird, regelmäßig Fördergelder. Unter anderen gab es eine mehrjährige Förderung vom Bundeslandwirtschaftsministerium (Programm Regionen Aktiv), das der Stärkung des ländlichen Raums diente, bei expliziter Beachtung des Nachhaltigkeitsgrundsatzes. Da das Programm Regionen Aktiv vorsah, dass erstens ein professionelles Regionalmanagement eingerichtet werden muss und zweitens nicht nur staatliche Akteure, sondern auch wirtschaftliche Akteure und Nichtregierungsorganisationen (NRO) an der regionalen Partnerschaft teilhaben sollen, wurden in der Region Uthlande neue organisatorische Strukturen geschaffen.

Demnach findet sich also in der Region Uthlande ein regionaler Managementprozess, der sowohl partizipativ und kooperativ angelegt ist, als auch in neuen räumlichen Zusammenhängen agiert. Der Land-Meer übergreifende Bezug ist deutlich durch die Themen und Handlungsfelder gegeben, für die sich die Region Uthlande engagiert (vgl. Tab. 2).

Auch wenn das Nachhaltigkeitsprinzip die Entwicklung der Region lenken soll, ist kritisch zu fragen, wie der Schutz der Umwelt (ökologische Säule des Nachhaltigkeitskonzepts) garantiert werden kann. Dies ist häufig der Schwachpunkt räumlicher Entwicklungsprozesse und nicht zuletzt auch Kernthema der Nachhaltigkeitsde-

Von Entwicklungszielen zu konkreten Handlungsfeldern und Projekten		
Entwicklungsziele	**Handlungsfelder**	**Beispielhafte Projekte**
Sicherung des flächenhaften Küstenschutzes	Flächenhafter Küstenschutz	Integrierter Küstenmanagementplan Amrum
Förderung der regionalen Wirtschaft	Infrastruktur	Wegekonzept in der Region Uthlande
	Lokal angepasster Tourismus	Vermietertraining – Auftakt zur Qualitätsoffensive
	Regenerative Energie	Regionalvermarktung Uthlande
Wahrung des Natur- und Kulturerbes	Integrierter Naturschutz Bildung, Kultur und regionale Identität	Naturerlebnisraum Mensch und Watt im Wattenmeerhaus Hooge

Tab. 2: Von Entwicklungszielen zu konkreten Handlungsfeldern und umgesetzten Projekten in der Region Uthlande. Eigene Zusammenstellung.

batte. Einige Autoren plädieren daher für das enge Nachhaltigkeitskonzept, das die Ökologie als Fundament sieht und Gesellschaft und Wirtschaft als zwei Säulen konzeptualisiert, die auf das Fundament zwingend angewiesen sind.

Neben den berechtigten Zweifeln, ob dem IKZM-Konzept bezüglich der materiellen Anforderungen (Ökologisierung der räumlichen Planung) gerecht wird, muss noch aus einem weiteren Grund vor allzu hohen Erwartungen an partizipative und selbstbestimmte regionale Entwicklungsprozesse gewarnt werden. Trotz aller Erfolge in der Region Uthlande wird auch hier deutlich, dass gerade konfliktträchtige Themen in kooperativen Arrangements, die ausschließlich auf Freiwilligkeit basieren, nur unzureichend angegangen werden können. So

wurde beispielsweise für die Region Uthlande kein übergreifendes Tourismuskonzept erstellt, obwohl es sinnvoll und notwendig wäre. Die Befürchtung besteht, dass ein gemeinsames Tourismuskonzept einzelne Gemeinden schlechter stellen könnte – z.B. wenn sie nicht innerhalb eines touristisch aufzuwertenden Schwerpunktgebietes liegen.

Die Gestaltung von räumlichen Steuerungsprozessen unterliegt also einem Dilemma: Einerseits sollen den Akteuren Freiräume zur eigenen Politikgestaltung gelassen werden, andererseits wird aber das Ordnungsrecht benötigt, um zu tragfähigen Entscheidungen zu kommen. Wie ein Ausweg aussehen kann, zeigt das nächste Fallbeispiel mit der Umsetzung der Wasserrahmenrichtlinie.

5. Flussgebietsmanagement als Umsetzung der Wasserrahmenrichtlinie

Das zweite Fallbeispiel beschäftigt sich ebenfalls mit einem regionalen Akteursnetzwerk an der Westküste Schleswig-Holsteins. Dieses Kooperationsnetzwerk hat die konkrete und durch die WRRL festgeschriebene Aufgabe, die Gewässerqualität zu verbessern.

Als ersten Schritt der Gewässerbewirtschaftung sah die WRRL vor, eine Bestandsaufnahme durchzuführen. Diese ergab für die Gewässer in Deutschland, dass nur 14 % der Gewässer die Umweltziele der Wasserrahmenrichtlinie erreichen. Bei den übrigen 86 % der Gewässer ist der Zustand schlecht, es besteht also Handlungsbedarf. Meistens führen mehrere Ursachen dazu, dass die Gewässer die Umweltziele verfehlen. Zum einen ist dies die landwirtschaftliche Nutzung, die zu diffusen Belastungen der Gewässer führt, zum anderen trägt die Abwasser- und Regenwassereinleitung zu einer Beein-

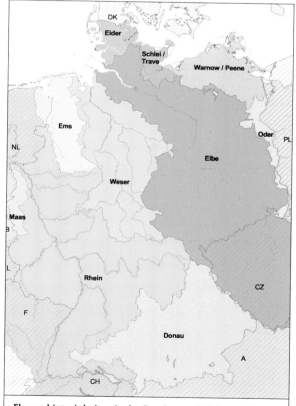

Abb.3: Flussgebiete in Deutschland.
http://www.bmu.de/files/bilder/allgemein/image/
gif/flussgebietseinheiten

Flussgebietseinheiten in der Bundesrepublik Deutschland (Richtlinie 2002/60/EG – Wasserrahmenrichtlinie)

Quelle: Umweltbundesamt 2002

trächtigung der Wasserqualität bei. Ein weiterer wichtiger Grund für eine Verfehlung der Ziele laut WRRL sind anthropogene Eingriffe in die Gewässermorphologie und Querbauwerke, die eine Durchgängigkeit der Gewässer verhindern (MUNL 2001). Da die WRRL auch dem Schutz von Gewässern und damit dem Schutz von Lebensräumen und Arten dient, sind direkte Bezüge zum Naturschutz vorhanden.

In Schleswig-Holstein ist die Bestandsaufnahme ähnlich negativ wie für das gesamte Bundesgebiet: In allen Gewässern ist es unwahrscheinlich, dass die Ziele der WRRL erreicht werden (MUNL 2001).

Neue Handlungsräume in Schleswig-Holstein

Eine wesentliche Neuerung, die die WRRL einführt, ist das Management der Gewässer über Staats- und Ländergrenzen hinweg. Das Verwaltungshandeln hinsichtlich der Umsetzung der WRRL orientiert sich somit nicht mehr an administrativen Grenzen, sondern an so genannten Flussgebietseinheiten (vgl. Abb. 3). Damit soll eine Erhöhung der Passfähigkeit zwischen Naturraum und politischem Handlungsraum erreicht werden. Für die zuständigen Behörden ergibt sich durch das neue Bewirtschaftungssystem ein erhöhter Koordinierungsbedarf. Insbesondere sollen die Wasserwirtschaftsverwaltungen mit Raumordnung, Naturschutz und Landwirtschaft zusammen arbeiten. Dieser letzte Punkt verweist auf den medienübergreifenden Ansatz der WRRL (vgl. Bruns in Vorbereitung).

In Schleswig Holstein gibt es drei große Flusseinzugsgebiete: Die Elbe, die Eider und das Gebiet der Schlei und Trave. Im Fokus dieser Untersuchung steht das Flussgebietsmanagement im Einzugsgebiet der Eider, das im westlichen Teil von Schleswig-Holstein liegt. Die Küstengewässer gehören ebenfalls zum Wirkungsgebiet der WRRL, in der FGE Eider machen sie rund 50 % der Gesamtfläche aus.

Neue Steuerungsformen

Im Zuge der Umsetzung der WRRL in nationales Recht hatten die Bundesländer zu benennen, welche Institutionen für welche Aufgaben zuständig sind. An der Verwaltungsstruktur und den formalen Zuständigkeiten der mit wasserwirtschaftlichen Aufgaben betrauten Behörden ändert sich zwar infolge der Umsetzung der WRRL nur wenig (MUNL 2001: 19), es wurden aber neue, ergänzende Foren geschaffen. Das Ministerium für Landwirtschaft, Umwelt und ländliche Räume von Schleswig-Holstein (MLUR) übernimmt als oberste Flussgebietsbehörde des Landes die federführende Rolle. Um die Umsetzung sowohl organisatorisch als auch inhaltlich zu gewährleisten, wurde eine Projektgruppe eingerichtet (vgl. Abb. 4). Das Landesamt für Natur und Umwelt (LANU) steht dem MLUR nach wie vor beratend und durch die Aufbereitung von Daten zur Seite (MUNL 2001: 22ff).

Dennoch gibt es einige Neuerungen, die sich auf die Organisation der Wasserwirtschaft und Prozessabläufe auswirken:

Um die Ziele zu erreichen, sieht die WRRL einen neuen Steuerungsansatz vor, der auf die Initiierung kollektiven Handelns hinwirkt. Dies soll durch einen umfangreichen Beteiligungsprozess erreicht werden. In Art. 14 WRRL ist die Öffentlichkeitsbeteiligung bei der Umsetzung der WRRL geregelt. Dort werden Mindestanforderungen an die Öffentlichkeitsbeteiligung gestellt sowie die Förderung der „aktiven Beteiligung der interessierten Stellen" verlangt, somit wird ein hoher Anspruch an die Beteiligung formuliert, der aber nicht durch Einzelmaßnahmen vorgeschrieben ist. Die Erfordernisse zur Beteiligung werden in Schleswig-Holstein räumlich abgestuft umgesetzt. Auf Ebene der Flussgebiete (Eider, Schlei/Trave und Elbe) wurden Beiräte etabliert, die sich halbjährlich treffen. In diesen Treffen findet hauptsächlich ein Informationsaustausch zwischen der interessierten Öffentlichkeit und den Behördenvertretern statt;

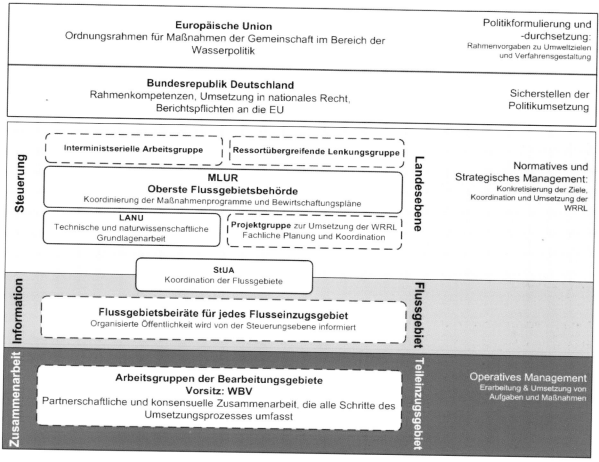

Abb. 4: Umsetzung der WRRL in Schleswig-Holstein: Zuständig-keiten und Gremien.
Die Kästchen mit gestrichelten Rahmen markieren neu gegründete Gremien. Eigene Darstellung.

Möglichkeiten zur vertieften Diskussion oder gar Mitbestimmung haben die Flussgebietsbeiräte nicht. Hingegen wurden auf lokaler Ebene Arbeitsgruppen eingerichtet, in denen vergleichsweise kleine Gruppen wesentliche wasserwirtschaftliche Entscheidungen gemeinsam treffen. Die Arbeitsgruppen bestehen zumeist aus 6-10 Akteuren, die wichtige Anspruchsgruppen repräsentieren. Aus Sicht der Partizipationsforschung macht dieses differenzierte Vorgehen Sinn, da Mitbestimmung und Zusammenarbeit auf lokaler/regionaler Ebene einfacher zu gewährleisten sind (vgl. Selle 2007).

Mit der Gründung dieser zwei neuen Institutionen – Flussgebietsbeiräte und Arbeitsgruppen – wird nicht nur dem generellen Gebot nach einer Beteiligung der Öffentlichkeit entsprochen,

sondern es werden neue Akteurskonstellationen, Informations- und Kommunikationswege und Möglichkeiten zur Kooperation geschaffen.

Das Angebot zur Mitgestaltung wasserwirtschaftlicher Fragen wird von den beteiligten Akteuren durchaus positiv bewertet, auch wenn es in Einzelfragen immer wieder zu unterschiedlichen Meinungen kommt. Ein wichtiger Streitpunkt war, wer überhaupt die Arbeitsgruppen leiten soll. Diese Verantwortung wollten sowohl die Wasser- und Bodenverbände als auch die Landkreise als untere Wasserbehörden übernehmen. Aus machtpolitischen Gründen entschied das Ministerium schließlich zugunsten der Wasser- und Bodenverbände.

Seit den Anfängen der Gremienarbeit in 2004 kam es zu mehreren Konfliktsituationen. Bereits einer der ersten Arbeitsschritte, nämlich die Ausgangsbewertung der Gewässer hinsichtlich ihres Natürlichkeitsgrades und ihren Zustand anhand eines Referenzrahmens, führte zu Kontroversen. Gängige Meinung der Planungspraxis und -theorie ist jedoch, dass sachliche Auseinandersetzungen in regionalen Managementprozessen unverzichtbar sind, weil nur so die jeweiligen Sachargumente offen gelegt werden.

Ist die WRRL ein Erfolgsmodell der Wasserpolitik?

Der Erfolg der Umsetzung der WRRL kann auf zwei unterschiedlichen Analyseebenen gemessen werden: auf der Struktur- und Prozessebene sowie auf der Wirkungsebene (Umweltziele). Die notwendigen Strukturen und Prozesse für die gesetzeskonforme Umsetzung wurden in Schleswig-Holstein geschaffen und sie können positiv bewertet werden. Das zuständige Ministerium machte weitreichende Beteiligungsan-

gebote, die für Politik und Verwaltung auch mit Einbußen an Macht und Einfluss verbunden sind. Um in unlösbaren Konfliktsituationen Entscheidungen zu garantieren, behält sich Ministerium die alleinige Entscheidungsgewalt für die Fälle vor, wo es den Arbeitsgruppen nicht gelingt, einen Konsens herzustellen. Dieses Prinzip wird auch als „Regieren im Schatten der Hierarchie" genannt. Die Beurteilung der Umsetzung in Hinblick auf die Wirkungsebene kann noch nicht abschließend getroffen werden. Der Zeitrahmen für die Umsetzung des Ziels der WRRL, einen guten ökologischen Zustand flächendeckend zu erreichen, reicht noch bis zum Jahr 2015 und in Ausnahmefällen bis 2021. Auch wenn schon heute auf der Basis der bisherigen Arbeit erste Erfahrungen und Einschätzungen vorliegen (vgl. Zitatensammlung Abb. 5), eine abschließende Beurteilung muss noch auf sich warten lassen.

Zitate zur Frage was **wesentliche Lerneffekte der Zusammenarbeit** im Rahmen der Umsetzung der WRRL waren:

„Ideologien machen manchmal blind"

„Wichtigkeit der Zusammenarbeit und Absprache der Fachverbände"

„Es geht nur miteinander und nicht gegeneinander"

„Ich habe andere Sichtweisen erfahren"

„Große Hoffnungen auf den Planungsprozess mit umweltrelevantem Schwerpunkt haben sich nicht erfüllt"

„Geduld beim Zuhören ist wichtig"

„Miteinander von Landwirtschaft und Naturschutz schließt sich nicht aus"

„Es geht doch alles recht langsam"

Abb. 5: Zitate von Akteuren, die am Umsetzungsprozess der WRRL beteiligt sind.
Eigene Zusammenstellung.

5. Neue Steuerungsformen in Küstenregionen und Flussgebieten – ein Thema für den Geographie-Unterricht

Die Analyse der Wirkungen, die von der europäischen IKZM-Politik ausgehen, hat gezeigt, dass die europäische Politik zu IKZM einen vergleichsweise geringen Anteil an der Bildung der beschriebenen regionalen Managementprozesse in der Region Uthlande hat. Offensichtlich sind die Impulse, die die EU mit der IKZM-Empfehlung aussendet, um eine nachhaltige Entwicklung in Küstenregionen voran zu treiben, zu gering und zu ungerichtet, um 1) regionale Managementprozesse anzustoßen und 2) sie inhaltlich in Richtung einer Ökologisierung von regionaler Entwicklung zu lenken. Stattdessen stehen die beschriebenen Steuerungsprozesse in der Region Uthlande für starke bottom-up-Prozesse, die von der ländlichen Regionalpolitik (Agrarpolitik) profitieren.

Hingegen verdeutlicht die zweite Fallstudie zum Flussgebietsmanagement, das die EG mit der verbindlich umzusetzenden WRRL die Steuerungsformen und -prozesse in der schleswig-holsteinischen Wasserwirtschaft merklich verändert hat.

In der europäischen Umweltpolitik vollzieht sich derzeit ein Systemwechsel, der aufgrund verschiedener rechtlicher Ausgestaltung unterschiedliche Wirkungen auf regionaler Ebene nach sich zieht. Grund für den Systemwechsel ist, dass bislang weder Umweltprobleme noch Nutzungskonflikte dauerhaft gelöst wurden. In Anlehnung an die Agenda 21 konzipierte die Europäische Union daher eine „neue" Wasserpolitik, die einen starken integrativen Anspruch erhebt, ganzheitliche Lösungen sucht und umsetzungsorientiert ist. Damit muss jede einzelne Person, die in diese Planungsprozesse involviert ist, über diverse fachliche, kommunikative und kooperative Kompetenzen verfügen. Diese Kompetenzen können gerade im Geographie-Unterricht systematisch aufgebaut werden, da die angesprochenen Themen (Umweltprobleme, Nutzungskonflikte, Handeln auf unterschiedlichen räumlichen Maßstabsebenen…) einen starken Raumbezug aufweisen.

In der Gesamtschau werden folgende Themen, die einen Beitrag zur Geographischen Bildung für nachhaltigen Entwicklung leisten (vgl. IGU 2007), im vorliegenden Beitrag angesprochen:

- Küsten- und Meeresökosysteme (Fokus: Nordsee), Umweltprobleme
- Sozioökonomisches System des deutschen Küstenraums (Fokus: Schleswig-Holstein)
- Räumliche Schlüsselkonzepte: Raumbegriffe, Lage und Erreichbarkeit, räumliche Veränderungen
- Agenda 21, Nachhaltige Entwicklung
- Raum- und Umweltplanung

Schließlich kann aus den präsentierten Fallstudien abgeleitet werden, dass eine zentrale Herausforderung bei der Lösung von Umweltproblemen der Umgang mit polyvalenten Entscheidungssituationen ist (vgl. Rost 2002): Die unterschiedlichen Akteure im Küstenraum haben (teilweise) unterschiedliche Wertvorstellungen, Ziele und Interessen, weshalb die bloße Bereitschaft zum kommunikativen Austausch (oft) nicht ausreicht. Hingegen zeigt sich, dass ein gut organisierter und moderierter Dialogprozess, wie er infolge der Umsetzung der WRRL zu beobachten ist, sehr erfolgreich sein kann.

Literatur

BALLNUS, F. (2004): Die Küstenagenda 21 als Instrument zum Erreichen nachhaltiger Raumentwicklungen in den Küstenzonen der Ostsee. Hannoversche Geographische Arbeiten. Bd. 57.

BENZ, A. (1994): Kooperative Verwaltung. Funktionen, Voraussetzungen und Folgen. Baden-Baden, Nomos.

BRUNS, A. (in Vorbereitung): Governance im Küstenraum. Der Wandel der Umweltpolitik am Beispiel des Integrierten Küstenzonenmanagements und der Wasserrahmenrichtlinie. Dissertation. Geographisches Institut. Christian-Albrechts-Universität zu Kiel.

DASCHKEIT, A. (2004): Integriertes Küstenzonenmanagement (IKZM) - sozial-ökologische Perspektiven und Fallstudien. Habilitationsschrift an der Mathematisch-Naturwissenschaftlichen Fakultät, Geographisches Institut. Christian-Albrechts-Universität zu Kiel.

EUROPÄISCHE KOMMISSION (1997): Die Ressourcen der Küstengebiete - ein besseres Management. Ein europäisches Programm für das integrierte Management von Küstengebieten. Amt für amtliche Veröffentlichungen der Europäischen Gemeinschaften. Luxemburg.

EUROPÄISCHE KOMMISSION (1999): Eine Europäische Strategie für das Integrierte Küstenzonen-management (IKZM). Allgemeine Prinzipien und politische Optionen. Generaldirektionen Umwelt. Amt für amtliche Veröffentlichungen der Europäischen Gemeinschaften. Luxemburg.

FINKE, L. (2003): Formen künftiger Zusammenarbeit von Wasserwirtschaft und Raumplanung. In: Moss, T. (Hrsg.): Das Flussgebiet als Handlungsraum. Münster: 321-342.

FRISCHKNECHT, P. & B. SCHMIED (2008): Umgang mit Umweltsystemen. Methodik zum Bearbeiten von Umweltproblemen unter Berücksichtigung des Nachhaltigkeitsgedankens. Hochschulschriften zur Nachhaltigkeit Band 40. München.

FÜRST, D. (2004): Planungstheorie - die offenen Stellen. In: U. Altrock, S. Güntner, S. Huning & D. Peters (Hrsg.): Perspektiven der Planungstheorie. Berlin, edition stadt und region: 239-255.

GESAMP JOINT GROUP OF EXPERTS ON THE SCIENTIFIC ASPECTS OF MARINE ENVIRONMENTAL PROTECTION (1996): The Contributions of Science to Integrated Coastal Management. United Nations. Rom.

HOLZWARTH, F. & U. BOSENIUS (2002): Die Wasserrahmenrichtlinie im System des europäischen und deutschen Gewässerschutzes. Handbuch der EU-Wasserrahmenrichtlinie. S. von Keitz & M. Schmalholz. Berlin: 25-48.

IGU INTERNATIONAL GEOGRAPHICAL UNION (2007): Luzerner Erklärung über Geographische Bildung für nachhaltige Entwicklung. Autoren: Haubrich, H., S. Reinfried & Y. Schleicher. Am 31. Juli 2007 in Luzern von der IGU proklamiert.

JÄNICKE, M., KUNIG, P. & M. STIZTEL (2000). Umweltpolitik. Ausgabe der Bundeszentrale für politische Bildung. Bonn.

KANNEN, A. (2000): Analyse ausgewählter Ansätze und Instrumente zu integriertem Küstenzonenmanagement und deren Bewertung. Dissertation. Geographisches Institut. Christian-Albrechts-Universität zu Kiel.

KLEIN-HITPASS, A. & A. BRUNS (2006): Der demographische Wandel an der Westküste Schleswig-Holsteins. Die demographische Entwicklung der Landkreise Nordfriesland und Dithmarschen in Vergangenheit, Gegenwart und Zukunft. Coastal-Futures Arbeitsbericht. Büsum (unveröffentlichtes Dokument).

LINK, P.M. (2000): Gefährdungspotentiale von Ölverschmutzungen durch Schiffshavarien in der Nordsee dargestellt am Beispiel der Amoco Cadiz und der Pallas. Diplomarbeit im Fach Geographie der Christian-Albrechts-Universität zu Kiel.

MAYNTZ, R. (2004a): Governance im modernen Staat. In: Benz, A. (Hrsg.): Governance - Regieren in komplexen Regelsystemen. Wiesbaden: 65-76.

MUNL MINISTERIUM FÜR UMWELT NATUR UND FORSTEN DES LANDES SCHLESWIG-HOLSTEIN (2001): Einheitliche europäische Gewässerschutzpolitik. Vorbereitung der Umsetzung der EU-Wasserrahmenrichtlinie in Schleswig-Holstein. Kiel.

REGIONALE PARTNERSCHAFT UTHLANDE E.V. (2004): Halbzeitbericht der Modellregion Uthlande im Wettbewerb Regionen Aktiv. Wyk auf Föhr.

ROST, J. (2002): Umweltbildung – Bildung für eine nachhaltige Entwicklung: Was macht den Unterschied? In: Zeitschrift für internationale Bildungsforschung und Entwicklungspädagogik (ZEP) 1: 1-10.

TRANSFER 21 (2009): Orientierungsrahmen. Bildung für eine nachhaltige Entwicklung in der Schule. Gestaltungskompetenz fördern und Schulqualität entwickeln. Band 1. Berlin.

SELLE, K. (2007): Wer? Was? Für wen? Wie? In: PNDonline (2/2007): 1-6.

UNCED UNITED NATIONS CONFERENCE ON ENVIRONMENT AND DEVELOPMENT (1992): Umweltpolitik. Agenda 21. Konferenz der Vereinten Nationen für Umwelt und Entwicklung im Juni 1992 in Rio de Janeiro. Dokumente. Auflage 1997. (Wiederabdruck von: BMU Bundesministerium für Umwelt Naturschutz und Reaktorsicherheit. Bonn.)

WALKENHAUS, R. (2006): Entwicklungslinien moderner Staatlichkeit. In: Walkenhaus, R., S. Machura, P. Nahamowitz & E. Treutner (Hrsg.): Staat im Wandel. Festschrift für Rüdiger Voigt zum 65. Geburtstag. Stuttgart: 17-62.

WARDENGA, U. (2002): Alte und neue Raumkonzepte für den Geographieunterricht. Geographie heute 23(200): 8-11.

WWF DEUTSCHLAND (2007). Unsere Ozeane: Geplündert, verschmutzt und zerstört. WWF-Bericht über die Bedrohung der Meere und Küsten. Frankfurt am Main.

YOUNG, O.R. (ed.) (1999): Institutional Dimensions of Global Environmental Change - Science Plan. IHDP Report. Bonn.

Antje Bruns
Universität Flensburg
Institut für Geographie und ihre Didaktik
Auf dem Campus 1, D-24943 Flensburg
antje.bruns@uni-flensburg.de
http://www.uni-flensburg.de/geographie/personen/antje-bruns/

Teil B

Didaktischer Workshop zu Lehrmethoden

Klimawandel und Küstenraum –

didaktische Ansätze und methodische Umsetzung

Detlef Kanwischer

erschienen in: Hamburger Symposium Geographie, Band 1, Hamburg 2009: 81-100

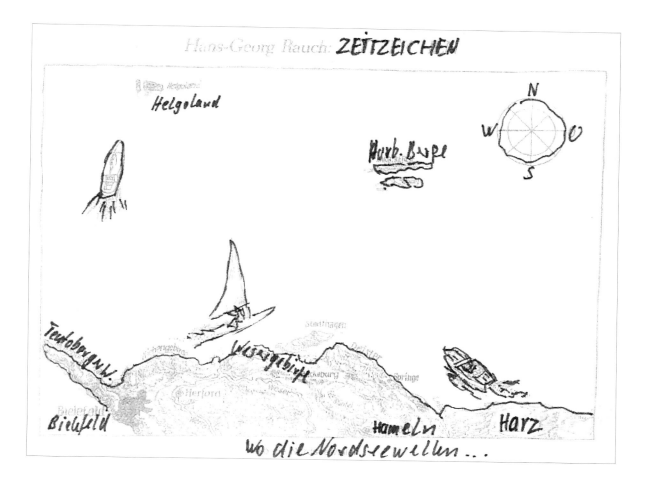

Die Kartenskizze „Wo die Nordseewellen…" von Hans-Georg Rauch zeigt die „westfälische Riviera mit Bielefeld als Hafenmetropole. Da Bielefeld meine Heimatstadt ist und ich ein passionierter Liebhaber des Meeres bin, gefällt mir diese Karte besonders gut. Ich weiß nicht, was die Betrachtung der Karte bei anderen Menschen auslöst.

Ich vermute aber, dass die Kartenskizze bei den meisten Betrachtern eher ein Schmunzeln als Betroffenheit verursacht. Dies ist zugleich ein Problem, das mit dem Klimawandel einhergeht.

Der anthropogen verursachte Klimawandel ist seit einigen Jahren Dauerbrenner in den Medien. Besonders die Berichte des IPCC (Intergovernmental Panel on Climate Change = ein internationales Expertengremium der UNO) sind auf ein breites Echo gestoßen. Erst wenige Tage vor Beginn des Symposiums im November 2008 ging die Schlagzeile „Arktis-Temperaturen steigen auf Rekordhoch" durch die Presse. Einige Monate später hieß die Schlagzeile: „Das schlimmste aller Szenarien ist auf dem Tisch". Schon 2006 wurde Al Gores Dokumentarfilm „Eine unbequeme Wahrheit" zum Kassenschlager und ist 2007 mit einem Oscar als bester Dokumentarfilm ausgezeichnet worden. Al Gore hat für sein Engagement den Friedensnobelpreis erhalten. Trotzdem werden viele Folgen des Klimawandels kaum wahrgenommen und mit der notwendigen Nachdrücklichkeit bemessen.

Wie kommt es, dass viele Menschen und Entscheidungsträger aus Politik und Wirtschaft ihr Handeln vor dem Hintergrund des globalen Klimawandels nicht einschneidend verändern? Dies liegt sicherlich daran, dass die Auswirkungen schleichend kommen, wie z.B. der Anstieg des Meeresspiegels, der die Lebensräume der Menschen entlang vieler Küsten gefährdet – auch in Deutschland. Zudem wird der Klimawandel je nach Perspektive unterschiedlich bewertet. In der Arktisregion beispielsweise bedeutet die fortschreitende regionale Erwärmung für viele Menschen und Wirtschaftsunternehmen einen wirtschaftlichen Aufschwung, z.B. durch die sich ausweitende Seeschifffahrt, die verstärkte Meeresfischerei, die verstärkte Land- und Forstwirtschaft und den leichteren Zugang zu Ressourcen. Gleichzeitig kommt es aber auch zu Beeinträchtigungen der Transportwege auf dem Land, zu einem Rückgang der Süßwasserfischbestände und zu einem Verlust der Jägerkultur (vgl. Arctic Climate Impact Assessment 2004). Des Weiteren ist die Ergebnisformulierung der Klimawissenschaftler unbefriedigend. Die Wissenschaft darf und kann aufgrund der Komplexität des Klimasystems keine eindeutigen mittel- und langfristigen Prognosen formulieren,

sondern nur Szenarien anbieten, denen eine vorsichtig formulierte „Wenn-Dann-Beziehung" zugrunde liegt: Wenn wir Menschen uns so und so verhalten, dann wird sich wahrscheinlich das Klima in einer bestimmten Weise entwickeln und einen entsprechenden Einfluss auf den Anstieg des Meeresspiegels haben, falls das Klimasystem wirklich so stabil ist, wie wir hoffen (vgl. Latif und Weingart 2005). Mit anderen Worten: Es könnte alles auch ganz anders kommen. Darüber hinaus gesellt sich noch das psychologische Phänomen der kognitiven Dissonanz, d.h. wir handeln entgegen besseren Wissens.

Vor dem Hintergrund dieses Dilemmas, bei denen die Medien, die mal Panikmache, mal Verharmlosung betreiben, auch eine entscheidende Rolle spielen, muss das Denken in Kontingenzen bei den Schülern gefördert werden. Kontingenz ist der Gegenbegriff zur Kausalität und bezeichnet einen Status der Ungewissheit möglicher künftiger Entwicklungen. Kontingentes Denken kann als didaktisches Denken bezeichnet werden, bei dem die Einsicht nicht über den Nachweis der Ursächlichkeit erfolgt, sondern durch die „„Bewohnbarkeit" des Gedachten" (Ricken, 1999: 232). Die von Ricken (1999) verwendete Metapher der „Bewohnbarkeit" bezieht sich auf begründete Handlungen in Fällen, die von Unsicherheit und Komplexität ohne gesicherte Ursächlichkeiten geprägt sind. Gerade in Bezug auf den mit dem Klimawandel einhergehenden multiplen Perspektiven auf den Klimawandel und der Unsicherheit bezüglich der zukünftigen Entwicklungen hat der Geographieunterricht die Aufgabe das Verstehen dieser Ereignisse differenziert zu betrachten, die komplexen Hintergründe zu analysieren und die räumlichen Auswirkungen von Präventionsmaßnahmen zu diskutieren. Die zusätzliche Analyse der Wahrnehmungs- und Kommunikationsmuster fördert bei den Lernenden die Kompetenz zu unterscheiden, wer unter welchen Bedingungen und aus welchen Interessen bestimmte (Umwelt-)

Probleme als risikoreich deklariert oder gerade nicht deklariert sehen will und wie die Betroffenen damit umgehen. Dies ist Voraussetzung dafür, dass die Lernenden die für sie entscheidenden Punkte in der Diskussion identifizieren und bewerten können, um schließlich für sich selbst begründet („bewohnbar") entscheiden zu können, wie sie in der Welt handeln.

Die Thematik Klimawandel und Küstenraum wird in den Hamburger Bildungsplänen nicht als ein spezifisches Lernfeld ausgewiesen. Gleichwohl ist diese Thematik in der Schule schon längst ein Thema: So gibt es in Hamburg und in ganz Norddeutschland kein Kind ohne das Sicherheitsrisiko Küstenraum. Die aufgezeigten aktuellen Meldungen und die damit einhergehenden Präventionsdiskussionen hinsichtlich der steigenden Gefahr von Sturmfluten sind ein Bestandteil der Lebenswelt der Schüler. Klimawandel und Küstenraum ist aber nicht nur vor dem Hintergrund des Lebensweltbezuges ein lohnendes Thema für den Geographieunterricht. Das Thema hat auch ein großes Potenzial, um im Geographieunterricht die gesellschaftliche Konstitution von Umweltproblemen aufzuzeigen. In den Hamburger Bildungsplänen wird darauf hingewiesen, dass „für die Umsetzung der verbindlichen Unterrichtsinhalte Probleme und Untersuchungsräume gewählt werden, deren Analyse zum Verständnis von Zusammenhängen zwischen natürlichen Bedingungen und anthropogenen Eingriffen führt und Kontroversen offen legt." (Freie und Hansestadt Hamburg 2008: 6). Im Rahmen des Oberthemas Klimawandel eignet sich das Thema Meeresspiegelanstieg vorzüglich, um die Thematik der Gesellschaft-Umwelt-Probleme im Geographieunterricht auf-

zugreifen. Das Thema ermöglicht eine integrierte Betrachtung von physisch- und humangeographischen Sichtweisen, die nicht losgelöst voneinander sind, sondern sich am konkreten Problem treffen. Hiermit wird an die hochaktuelle fachwissenschaftliche Diskussion über das „Drei-Säulen-Modell" angeschlossen, die sich damit auseinandersetzt, wie neben der Humangeographie und der Physischen Geographie eine dritte Säule in Form der Mensch-Umwelt-Forschung im Fach implementiert werden kann (vgl. Müller-Mahn und Wardenga 2005).

Der hier dokumentierte Workshop verfolgte unterschiedliche Zielstellungen: Neben dem Aufzeigen der Komplexität des Themas „Klimawandel und Küstenraum" und dessen didaktischer Umsetzung stand die Entwicklung von Arbeitshilfen und Lehrmaterialien im Mittelpunkt der Arbeit. Darüber hinaus sollte die Reflexion der Unterrichtsarbeit gesteigert und Routinen hinterfragt werden. Vor dem Hintergrund dieser Zielstellungen gliedert sich der Beitrag wie folgt: eingangs wird eine Verständigung über das Modell des exemplarischen Lernens erfolgen, da dies ausdrücklich im Hamburger Bildungsplan aufgezeigt wird. Daran anschließend wird mittels einer Unterrichtsskizze aufgezeigt, wie das Thema Klimawandel und Küstenraum im Geographieunterricht behandelt werden kann. Bei der Entwicklung der Unterrichtsskizze habe ich mich an dem didaktischen Strukturgitter orientiert, dessen Funktion didaktisch und methodisch reflektiert wird. Abschließend werden die Arbeitshilfen und Lernmaterialien, die die Teilnehmer während des Workshops erstellt haben, vorgestellt.

1. Exemplarisches Lernen – Verständigung über den Begriff

Das „Exemplarische Prinzip" wird im Hamburger Rahmenplan für Geographie als didaktischer Grundsatz festgelegt, aber nicht weiter erläutert (vgl. Freie und Hansestadt Hamburg 2008: 6). Da es seit den sechziger Jahren des letzten Jahrhunderts unterschiedliche Grundpositionen in der Diskussion um das „Exemplarische Prinzip" gibt (vgl. Schramke 1982), wird an dieser Stelle kurz darauf eingegangen, auf welchen Ansatz im Rahmen dieser Ausarbeitung zurückgegriffen wird.

Bei der Anwendung des „exemplarischen Prinzips" geht es nicht um die Reduzierung der thematischen Quantität, also um eine Reduktion der Stofffülle, sondern um die Qualität des Gelernten. Die Qualität des Gelernten wird gewährleistet durch die Wechselwirkung zwischen dem Elementaren, Fundamentalen und Exemplarischen. Wolfgang Klafki hat dies 1957 und 1961 folgendermaßen beschrieben: „Elementar ist jenes Besondere, das – über sich selbst hinausweisend – ein Allgemeines aufdeckt. Fundamental sind Erfahrungen, in denen grundlegende Einsichten auf prägnante Weise gewonnen werden; Erfahrungen, in denen jemand schlagartig eine ‚neue Welt entdeckt' oder mit denen jemanden plötzlich ‚ein Licht aufgeht'. ... Sowohl die ‚Fundamentalia' als auch die ‚Elementaria' müssen jeweils exemplarisch, am eindrucksvollen Beispiel gewonnen werden" (Jank und Meyer 1994: 146). Bei dieser Definition von exemplarischem Lernen ist das Stoffgebiet nicht als ein Typus zu bearbeiten, sondern beispielhaft dafür, dass an ihm bestimmte geographische und politische Grundbegriffe und Regeln erarbeitet werden. Das exemplarische Fallbeispiel Sylt dient dazu, die unterschiedlichen allgemeingültigen Probleme und Strukturen innerhalb der Thematik Klimawandel und Küstenraum zu beleuchten. Die exemplarische Entfaltung der Thematik Sylt soll dazu beitragen, die strukturellen Zusammenhänge zwischen individueller Lebensführung und Klimawandel zu hinterfragen, um für sich selbst angemessene Problemlösungsansätze zu entwerfen und zu diskutieren.

2. Eine Unterrichtsskizze – Das exemplarische Fallbeispiel Sylt [1]

Bei der Auswahl der Unterrichtsskizze habe ich mich für eine Thematik entschieden, die einen deutlichen Gegenwarts- und Zukunftsbezug für Jugendliche in Norddeutschland hat: der Meeresspiegelanstieg. Das Beispiel der Insel Sylt lässt sich problemlos auf andere Inseln oder Küstenregionen übertragen. Die Materialien und Fragestellungen eignen sich für Schülergruppen ab der 9. Klasse.

2.1 Allgemeine Informationen

An dieser Stelle erfolgen einige kurze Informationen zu den fachwissenschaftlichen Inhalten der Unterrichtsskizze. Ausführliche und gut aufbereitete Informationen zu der Thematik sind auf dem Hamburger Bildungsserver unter dem Thema „Klimawandel und Klimafolgen" zu finden (www.hamburger-bildungsserver.de).

Ursachen des Meeresspiegelanstiegs

Das Niveau des Meeresspiegels an den Küsten erscheint auf den ersten Blick stabil. Doch bereits seit einigen Jahrzehnten warnen Forscher vor den Auswirkungen des globalen Klimawandels. Neben den natürlichen Ursachen werden die anthropogenen Ursachen immer gravierender. Dazu zählt die andauernde Erwärmung der Atmosphäre. In diesem Zusammenhang ist das Schmelzen der Polareisgebiete und Hochgebirgsgletscher von Bedeutung für den aktuellen Meeresspiegelanstieg. Die thermisch bedingte Expansion des Wassers hat derzeit aber den bedeutendsten Einfluss auf den Meeresspiegelanstieg, obwohl er nur 1 bis 2 mm pro Jahr beträgt.

Prognosen zum Meeresspiegelanstieg

„Klimaforscher prognostizieren Sintflut. Anstieg des Meeresspiegels um bis zu 13 m in diesem Jahrtausend". So oder ähnlich lauten die Schlagzeilen in den Medien, wenn von der IPCC-Studie (2001) berichtet wird. Sie könnten aber gleichermaßen lauten: „Sintflut nicht in Sicht. Anstieg des Meeresspiegels im günstigsten Fall nur 1,2 cm in den nächsten zehn Jahren". Das wäre genauso richtig und weist auf ein Problem in der Berichterstattung hin. Nur selten wird deutlich gemacht auf welchen Annahmen die Prognosen beruhen. Zudem werden die angegebenen Zeiträume willkürlich angepasst. Der IPCC (Intergovernmental Panel on Climate Change), auch als Klimabeirat der Vereinten Nationen bezeichnet, veröffentlicht regelmäßig Berichte zum Kenntnisstand der internationalen Klimaforschung. Je nach zugrunde gelegter Annahme über die gesellschaftlichen Entwicklungen werden unterschiedliche Szenarien des Meeresspiegelanstiegs entwickelt. Unter Berücksichtigung von Unsicherheiten bewegen sich die Extrem-Szenarien des Meeresspiegelanstiegs in den oben plakativ vorgestellten Bereichen. Für die Küstengebiete ergeben sich in Abhängigkeit der verwendeten Szenarios unterschiedliche Auswirkungen.

Ein Phänomen – verschiedene Probleme und Strategien

Spezifische Probleme des Meeresspiegelanstiegs sind die Erhöhung des Wasserstandes, die Erosion der Küste und der Salzwassereindrang in das Grundwasser. Die Auswirkungen des Meeresspiegelanstiegs sind regional sehr unterschiedlich. Auf den Halligen, an der Nordseeküste oder in Bangladesch sind viele Menschen den Risiken einer Überflutung ausgesetzt. Fatal wird es dann, wenn sich mehrere Faktoren an einer Küste addieren. Ein Beispiel dafür ist die Insel Sylt. Buhnen und Wellenbrecher (Tetrapoden)

---

[1] Diese Unterrichtsskizze ist verändert unter dem Titel „Land unter in Schleswig-Holstein? Eine Unterrichtsanregung zu Klimawandel und Meeresspiegelanstieg" auch nachzulesen als Beitrag zum Themenheft „Klimawandel" in Geographie Heute, 2006, Heft 241/242: 16-24.

aus Beton verhindern nicht immer ein Wegspülen des Landes. Eine große Gefahr geht auch von
Sturmfluten aus, obwohl weite Bereiche der Insel
durch Deiche und andere Bauwerke geschützt
sind. Ein weiteres, schleichendes Problem entsteht durch die Versalzung des Grundwassers.

Was kann auf Sylt gegen den Meeresspiegelanstieg und die resultierenden Probleme unternommen werden? Neben der Verringerung der
Treibhausgase stehen hierfür drei Strategien zur
Wahl: Anpassung, Rückzug oder Schutz.

2.2 Unterrichtsfragen und -material

Problemlage

Als Einstieg in die Unterrichtseinheit bieten sich zwei Bilder über die Küstenerosion auf Sylt an.

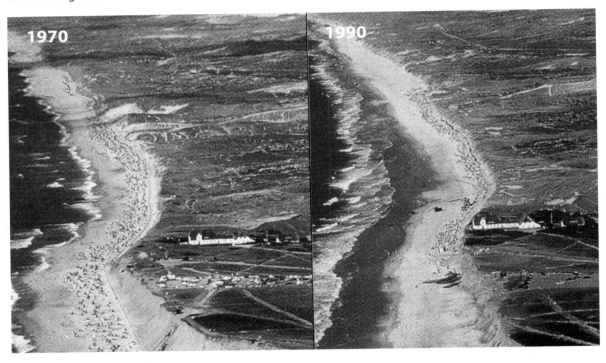

Material 1: Küstenerosion auf Sylt (Brückner 1999: 18)

Aufgaben:

- Beschreibe was auf dem Bild zu sehen ist und welche Akteursgruppen mit dem Bild verknüpft werden können.

- Notiere Fragen zum Meerensspiegelanstieg und was Du mit dem Bild verbindest.

Die Schüler werden aufgefordert zu beschreiben, was sie auf dem Bild sehen und welche unterschiedlichen Akteursgruppen (Touristen, Ein-
heimische, touristische Dienstleister) mit dem
Bild verknüpft werden können. Darauf aufbauend schreiben die Schüler auf, welche Fragen

sie zu dem Bild bezüglich des Meeresspiegelanstiegs gerne stellen würden und was sie persön-
lich mit dem Bild verbinden. Die Unterrichtspra-
xis zeigt, dass die aktuelle Problemlage sich in
den Fragen der Schüler widerspiegeln wird.

Meeresspiegelanstieg an der deutschen Nordseeküste

In dieser Phase wird geklärt, wie der Meeresspiegelanstieg gemessen wird und wie er sich zeitlich verändert hat.

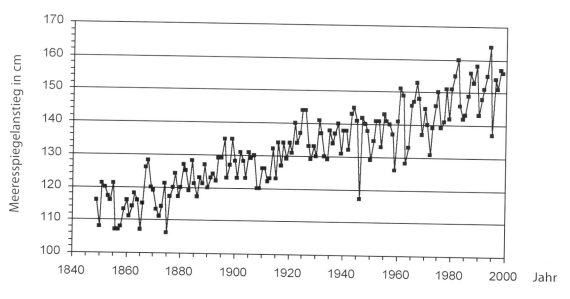

Material 2: Der Pegel Cuxhaven 1849 bis 1999 (Jensen et al. 2003)

Aufgaben:

- Ermittle, um wie viele Zentimeter der Meeresspiegel in Cuxhaven seit Aufzeichnung der Pegeldaten angestiegen ist.

- Berechne den Anstieg des Meeresspiegels für Cuxhaven für die letzten 100 Jahre (cm/100 Jahre).

- Stelle eine Prognose auf, wie sich der Meeresspiegel weiter entwickeln wird.

Ursachen für den Meeresspiegelanstieg

Nachdem die Schüler sich auf einer reproduktiv-beschreibenden Ebene mit der Thematik auseinandergesetzt haben, erfolgt nun die analytische Vertiefung. Diese wird im Rahmen einer Hausaufgabe von den Schülern vorbereitet. Mit Hilfe des Internets werden Informationen zum Einfluss der schmelzenden Eismassen auf den Meeresspiegelanstieg und zur Bedeutung der thermischen Expansion für den Meeresspiegelanstieg gesammelt.

Meeresspiegelanstiegsszenarien

Nachdem geklärt wurde, wie sich der Meeresspiegelanstieg zeitlich verändert hat und welche Ursachen für den aktuellen Meeresspiegelanstieg verantwortlich sind, wird übergeleitet zu den Zukunftsaussichten. Mittels verschiedener Szenarien können unterschiedliche Wirklichkeitszusammenhänge reflektiert werden und die Schüler lernen, die Aussagekraft von Zahlen zu hinterfragen.

Die Entwicklung der IPCC-Szenarien

In seinem Report von 2001 hat der IPCC (Intergovernmental Panel on Climate Change) eine Vielzahl möglicher Szenarien für das 21. Jahrhundert vorgestellt. Je nach zugrundegelegter Annahme über die gesellschaftlichen Entwicklungen werden unterschiedliche Szenarien des Meeresspiegelanstiegs entwickelt. Das Ergebnis sind 40 Szenarien, die wiederum in die vier Hauptgruppen A1, A2, B1 und B2 unterteilt sind.

Die *Szenarien-Familien A1 und A2* gehen von einer primär *ökonomisch orientierten Welt* aus.

Die A1-Szenarien beschreiben eine zukünftige Welt mit sehr starkem Wirtschaftswachstum, einer Weltbevölkerung, die in der Mitte des 21. Jahrhunderts ihr Maximum erreicht und danach abnimmt, und einer schnellen Einführung neuer und effizienterer Technologien. Die *Welt wird zunehmend globaler*, d.h. regionale Unterschiede bei den Einkommen, in kultureller und sozialer Hinsicht und in der technologischen Entwicklung gleichen sich weitgehend aus. Bei den A1-Szenarien werden je nach der vorherrschenden Nutzung der Energiequellen drei Untergruppen unterschieden: die *A1FI-Szenarien* mit einer intensiven Nutzung fossiler Brennstoffe und die *A1B-Szenarien* mit einer ausgewogenen Mischung von fossilen und nicht-fossilen Energieträgern.

Die *A2-Szenarien* gehen von einer sehr heterogenen Welt aus, in der die *lokalen Besonderheiten bewahrt* bleiben, die Geburtenhäufigkeit weiter regional sehr unterschiedlich bleibt und die Weltbevölkerung daher ständig zunimmt. Die ökonomische Entwicklung ist primär regional bestimmt, und das Wachstum des Bruttosozialprodukts und die technologische Entwicklung sind regional unterschiedlicher und langsamer als bei den anderen Hauptgruppen.

Bei *B1 und B2* handelt es sich um Szenarien, die von einer *ökologischen und nachhaltigen künftigen Entwicklung der Menschheit* ausgehen.

Die Welt der *B1-Szenarien* entwickelt sich ähnlich *global* orientiert wie die der A1-Gruppe, jedoch mit einem schnellen Wandel der wirtschaftlichen Struktur zu einer Dienstleistungs- und Informationsökonomie, mit einer Reduktion des Materialverbrauchs und der Einführung sauberer und ressourcenschonender Technologien. Die Entwicklung ist auf eine globale Lösung des Nachhaltigkeitsproblems im wirtschaftlichen, sozialen und Umwelt-Bereich ausgerichtet, einschließlich einer ausgewogenen Wohlstandsverteilung.

Die Welt der *B2-Szenarien* setzt auf *lokale Lösungen* der wirtschaftlichen, sozialen und umweltorientierten Nachhaltigkeitsfragen. Die Weltbevölkerung nimmt ständig zu, wenn auch weniger stark als bei den A2-Szenarien. Der Umweltschutz und eine ausgewogene Verteilung des Wohlstand spielen zwar ebenfalls eine wichtige Rolle, aber auf lokaler und regionaler Ebene.

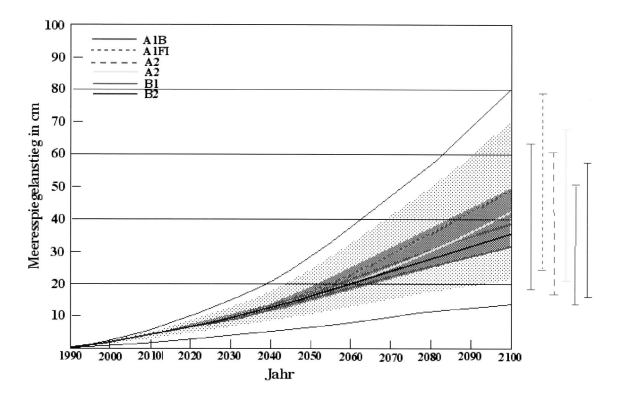

Material 3: Der zukünftige weltweite Anstieg des Meeresspiegels 1990-2100 nach sechs beispielhaften SRES Szenarien. Berücksichtigt sind alle beitragenden Faktoren mit Ausnahme des Grundwasserbeitrags. Der dunkelgraue Sektor zeigt den Bereich der Mittelwerte für alle Szenarienrechnungen, der hellgraue zeigt die Spannweite der Szenarienrechnungen, die obere und untere Grenzlinie zeigen die Extreme unter Berücksichtigung der Unsicherheiten in Bezug auf die Veränderungen von Landeis, Permafrost und Sedimentation. In den Balken am Rand sind die entsprechenden Unsicherheitsbereiche für die einzelnen Szenarienrechnungen angegeben. (Kasang 2004).

Aufgaben:

- Nenne die Hauptunterschiede der vier Szenariogruppen und bestimme die Antriebskräfte, die der Entwicklung der Szenarien zu Grunde liegen.

- Beschreibe den Meeresspiegelanstieg anhand der Abbildung und vergleiche die unterschiedlichen Kurven. Erläutere, unter welchen gesellschaftlichen Voraussetzungen es zu einem hohen und unter welchen zu einem geringen Meeresspiegelanstieg kommt.

Nachdem die Schüler die verschiedenen Möglichkeiten der Weltbeobachtung und -deutung mittels der verschiedenen Szenarien diskutiert haben, erfolgt die Fokussierung auf das Fallbeispiel Sylt.

Probleme und Gegenstrategien:
Das Beispiel Sylt

Probleme

Der natürliche Verlauf der Küstenerosion wird erst dann als Problem angesehen, wenn er eine Bedrohung für Siedlungen und Infrastruktur darstellt. Ein Beispiel dafür ist die Insel Sylt. Buhnen aus Holz und Wellenbrecher (Tetrapoden) aus Beton verhindern nicht immer ein Wegspülen des Landes. Am Roten Kliff (siehe Abbildung Material 1) zwischen Westerland und Kampen weicht die Küstenlinie trotz Sandvorspülungen jährlich um 1,75 m zurück. Die größte Gefahr geht jedoch von Sturmfluten aus, obwohl weite Bereiche des Landes durch Deiche und andere Bauwerke geschützt sind. Zudem ergibt sich für das Land ein schleichendes Problem – die Versalzung des Grundwassers. Sie entsteht, wenn im Untergrund das Salzwasser des Meeres nachströmt.

Gegenstrategien

Anpassung: Durch gezielte Maßnahmen können Menschen die gefährdeten Küstengebiete weiterhin nutzen, indem sie sich an den steigenden Meeresspiegel anpassen. Es wird in Kauf genommen, einige Gebiete an das Meer zu verlieren (Küstenerosion). Andere Gebiete müssen mit einem wirkungsvollen Drainagesystem vor eindringendem Salz- und Regenwasser geschützt werden. Denkbar ist die Umstrukturierung von Betrieben, die statt Landwirtschaft nun wasserwirtschaftliche Nutzung betreiben (Aufzucht von Jungfischen, Muschelzucht). Zudem ist die Verstärkung der Sedimentation durch kostengünstige Landgewinnungsmaßnahmen zu fördern. Das natürliche Schutzsystem darf durch menschliche Tätigkeit (z.B. Bodenentnahme) nicht in Mitleidenschaft gezogen werden.

Rückzug: Hier werden die gefährdeten, küstennahen Ländereien aufgegeben. Bei Verschlech-terung der Produktivität auf Grund steigender Wasserstände werden keinerlei Gegenmaßnahmen unternommen. Bau- und Entwicklungspläne werden verworfen. Menschen packen ihr Hab und Gut und ziehen sich auf höher gelegenes Land zurück. Immobilien und Infrastruktur werden dem steigenden Meeresspiegel überlassen. Teilweise können sie noch eingeschränkt (saisonal als Viehweide) genutzt werden.

Schutz: Bei dieser Strategie steht der besondere Schutz der Menschen und der natürlichen Ressourcen in gefährdeten Gebieten an erster Stelle. Diese Strategie setzt eine langfristige, vorausschauende Planung von Schutzbauwerken voraus und erfordert zwangsläufig hohe Kosten für Baumaßnahmen, Unterhaltung und Erhöhung der Anlagen. Die Schutzmaßnahmen können als feste Bauwerke, etwa Deiche, Flutwände, Flusssperrwerke, Gezeitentore ausgeführt sein oder als sogenannte „weiche Maßnahmen", darunter werden zum Beispiel Strandaufspülungen oder die Neuanlage bzw. Bewahrung und Pflege von Dünen zusammengefasst. Weiche Maßnahmen besitzen nur einen kurzzeitigen Effekt und müssen regelmäßig erneuert werden. (Tiede und Ahrendt 2000; Kelletat 1999).

Plädoyer für mehr Flexibilität beim Küstenschutz:
Wattseite schützen und Westerland aufgeben –
aber erst in 100 Jahren

List/Sylt – Der Sylter Wissenschaftler Karsten Reise hat ein radikales Umdenken beim Küstenschutz gefordert. Unter den Vorzeichen des Klimawandels mit steigendem Meeresspiegel sei die übliche Befestigung der Küsten mit Beton, Steinen und Asphalt nicht mehr sinnvoll, sagte der Leiter der Wattenmeerstation des Alfred-Wegener-Instituts für Polar- und Meeresforschung in List auf Sylt. "Man muss davon wegkommen, sich wie ein Igel zu verteidigen", meinte der Wissenschaftler. Das gesamte deutsche Wattenmeer mit Ausnahme der Dithmarscher Küste und einiger Buchten verliere Sediment. Auf Sylt komme zum ständigen Abbruch auf der Westseite nun auch Landverlust auf der Wattseite hinzu. "Sylt braucht Sand", sagte Reise. Wichtiger und erfolgversprechender als die dauerhafte Fixierung der Westseite der Insel sei Küstenschutz im Osten Sylts. Reise schlug Sandeinspülungen in die zwischen den Inseln verlaufenden Wattrinnen wie das Lister Tief oder das Hörnumtief vor.

Reise plädierte auch dafür, Sylt langfristig wieder nach Osten wandern zu lassen, wie die Insel das Jahrhunderte lang unter dem Angriff der Meeres getan habe. Für eine Übergangszeit sollten aber weitere Sandaufspülungen auf den Weststrand aufgebracht werden. Später sei ein Landverlust von rund 150 m in 100 Jahren hinzunehmen. Als weitere Maßnahme zum Schutz des tiefliegenden Landes schlug Reise vor, unbewohnte Köge direkt am Wasser bei Sturmfluten vollaufen zu lassen. Dabei werde sehr viel Sediment abgelagert. "Die Überflutung würde das Mitwachsen des Landes mit dem Meeresspiegelanstieg ermöglichen." (Gekürzt nach: Möhl 2005)

Aufgaben:

- Stelle die Probleme, die dem Meeresspiegelanstieg folgen, mögliche Gegenstrategien gegenüber.

- Erläutere die Strategie des Sylter Wissenschaftlers Karten Reise.

- Was spricht für und was spricht gegen den Strategievorschlag von Karsten Reise? Setzt euch in Gruppen zusammen und sammelt Argumente dazu aus Sicht der Bewohner der Insel, der Vertreter des Naturschutzes, der Fischer im Wattenmeer und der Vertreter des Tourismusgewerbes.

- Tragt eure Argumente in eine Tabelle ein und diskutiert darüber in einem Rollenspiel.

Anhand des Fallbeispiels „Sylt" erarbeiten die Schüler abschließend die aus einem Meeresspiegelanstieg resultierenden Probleme sowie mögliche Anpassungsstrategien. Die Gegenüberstellung von Problemen und Gegenstrategien, bezogen auf bestimmte Akteursgruppen, verdeutlichen die praktischen Probleme des Klimawandels sowie die damit einhergehenden räumlichen Auswirkungen. Darüber hinaus fördert sie Reflexions-, Planungs- und Umsetzungskompetenz der Schüler.

3. Wie bekomme ich den Fall in den Griff?
Zum Umgang mit dem didaktischen Strukturgitter

Wenn ein konkreter Fall im Rahmen des Unterrichtsthemas Klimawandel behandelt wird, dann ist es unmöglich ihn in all seinen Facetten zu behandeln. Zweckmäßig für die Planung des Unterrichtes ist es, sich einen Überblick über die möglichen Aspekte, die im Unterricht behandelt werden könnten, zu verschaffen. Einen Vorschlag zur Strukturierung von komplexen Fällen aller Art ist das „Didaktische Strukturgitter", dass in den siebziger Jahren des vergangenen Jahrhunderts entwickelt wurde (vgl. Rhode-Jüchtern 1977). Durch die Verknüpfung von gesellschaftstheoretisch angeleiteten fachwissenschaftlichen Kriterien (senkrecht) und didaktischen Kriterien (waagerecht) kann das Strukturgitter einen hilfreichen Dienst zur Strukturierung und Transparentmachung von Fällen für den Unterricht leisten. In der linken Spalte des Strukturgitters sind gesellschaftsrelevante Kriterien, die in Wechselwirkung stehen, aufgelistet. Diese Kriterien sind Themen, die jeweils im Rahmen eines Falles exemplarisch im Unterricht behandelt werden können. Mittels dieser Checkliste kann eine fachwissenschaftliche Schwerpunktsetzung erfolgen. Hierbei ist die vorgestellte Auflistung keineswegs als starr zu verstehen. Je nach Intention und fachlichem Verständnis können andere Kriterien aufgelistet werden. Durch die zweite Dimension des Strukturgitters besteht die Möglichkeit festzulegen, mit welchen Anforderungsniveaus (vgl. Colditz 2007) die Schüler den fachwissenschaftlichen Schwerpunkt bearbeiten sollen.

Der Lehrende legt vor dem Hintergrund aller möglichen Aspekte seine eigenen Schwerpunkte fest, gleicht diese mit den vorhandenen Materialen ab und entwirft abschließend eine Unterrichtseinheit. Die nachfolgende Tabelle verdeutlicht diese Vorgehensweise an dem oben aufgezeigten Unterrichtsbeispiel Sylt.

Dieses kleine Fallbeispiel zeigt, wie das Strukturgitter angewendet werden kann. Es besteht natürlich auch die Möglichkeit andere Schwerpunktsetzungen zu wählen, z.B. den Vergleich zwischen den Niederlanden und Bangladesch bezüglich des Umgangs mit dem Meeresspiegelanstiegs oder die Analyse des Fallbeispiels Malediven. Weiters könnte der Schwerpunkt auf den Aspekt der Verfahren und Politik liegen und der Generalplan Küstenschutz und das Konzept des Integrierten Küstenzonenmanagements in den Mittelpunkt gestellt werden.

Es wird deutlich, dass es offen ist, wann und warum welche Schwerpunkte gesetzt werden. Dies leitet sich einerseits von den inhaltlichen Vorgaben der Lehrpläne oder aktuellen Ereignissen ab, andererseits zeigt die Schulpraxis aber auch, dass dem zur Verfügung stehenden Material, der Heterogenität der Lerngruppen und der pädagogischen Haltung der Lehrenden eine nicht zu unterschätzende Bedeutung bei der Auswahl der Inhalte und der Festlegung der Anforderungsniveaus zukommt.

Die Hauptanliegen des Einsatzes eines didaktischen Strukturgitters bestehen jedoch darin, dass Transparenz geschaffen wird und eine Reflexion der Unterrichtsarbeit erfolgt. Es wird festgelegt, welche Aspekte überhaupt bearbeitet werden, um einen Fall zu ordnen und wo man Prioritäten gesetzt hat; zugleich bleibt sichtbar, welche Aspekte es außerdem gibt, die aber für diesmal nicht ausgewählt und bearbeitet werden. Zudem dient das Strukturgitter der Reflexion der eigenen Vorgehensweise. Die Reflexion „ist die einzige Gelegenheit, bei der es uns möglich ist, unsere Blindheiten zu entdecken und anzuerkennen, dass die Gewissheiten und die Erkenntnisse der anderen, ebenso überwältigend und ebenso unsicher sind wie unsere eigenen" (Maturana und Varela 1987: 29).

„Westerland – aufgeben oder schützen?"		Didaktische Kriterien		
		AFB* I Reproduktion	AFB* II Reorganisation und Transfer	AFB* III Reflexion und Problemlösung
Fachwissen-schaftliche Kriterien	*Auseinandersetzung Mensch – Umwelt*			
	Ursachen		3	
	Probleme	1	5	
	Strategien		6	
	Prognosen		2 / 4	
	Raumstruktur			
	Soziale Struktur			
	Wirtschaftliche Struktur			
	Topographie			
	Leitbilder bzw. Interessen			
	Verfahren und Politik			
	System und Struktur			
	Politik Machen			
	Konflikte			7

Der Unterricht beginnt mit dem Aufzeigen der Problemlage auf Sylt (**1**). Darauf aufbauend sollen die Schüler den Anstieg des Meeresspiegels berechnen (**2**). Im weiteren Verlauf des Unterrichts werden die unterschiedlichen Ursachen für den Meeresspiegelanstieg thematisiert (**3**). Mittels der unterschiedlichen Szenarien zum Meeresspiegelanstieg werden unterschiedliche Wirklichkeitszugänge reflektiert (**4**). Anhand des Fallbeispiels „Sylt" werden sich die Schüler die aus einem Meeresspiegelanstieg resultierenden Probleme (**5**) und die Strategien gegen den Meeresspiegelanstieg (**6**) erarbeiten. Die Diskussion des Strategievorschlags von Karten Reise, bezogen auf bestimmte Akteursgruppen, wird den Schülern die Konfliktlagen des Klimawandels und die damit einhergehenden räumlichen Auswirkungen verdeutlichen (**7**). (* AFB = Anforderungsbereich)

4. Unterrichtspraktische Anregungen

In diesem abschließenden Kapitel werden die Ergebnisse der Workshoparbeit der Teilnehmer präsentiert. Die Teilnehmer hatten die Aufgabe in Gruppenarbeit einen Unterrichtsentwurf zum Thema „Klimawandel und Küstenraum" anhand eines konkreten Falles zu entwerfen. Die Fallauswahl erfolgte selbstständig. Als Material dienten die Vorträge des Symposiums. Die Entwürfe sollten nicht länger als eine halbe DIN A4 Seite sein und sich an dem vorgegebenen Raster (Strukturgitter) orientieren, was jedoch keine Pflicht war. Da die Teilnehmer nur zwei Stunden Zeit hatten, um sich in der Gruppe über ein Thema zu verständigen und dieses als Unterrichtseinheit zu skizzieren, können an dieser Stelle keine ausgearbeiteten Unterrichtsbeispiele vorgestellt werden, sondern vielmehr Unterrichtsanregungen.

Unterrichtsanregung 1: „Meeresspiegelanstieg – ist Hamburg sicher?"

„Meeresspiegelanstieg – ist Hamburg sicher?"	Didaktische Kriterien		
	AFB I Reproduktion	AFB II Reorganisation und Transfer	AFB III Reflexion und Problemlösung
Auseinandersetzung Mensch – Umwelt			
Ursachen		**3 und 4**	
Probleme	**1 und 5**	**2**	
Strategien		**8**	
Prognosen			**9**
Raumstruktur			
Soziale Struktur			
Wirtschaftliche Struktur			
Topographie		**7**	
Leitbilder bzw. Interessen		**6**	
Verfahren und Politik			
System und Struktur			
Politik Machen			
Konflikte			**9**

Fachwissenschaftliche Kriterien

Als Einstieg in den Unterricht dient eine Postkarte:

- Anhand der Postkarte erfolgt das Formulieren von Fragen: Ist Hamburg sicher? Ist dieses Szenario möglich? Wenn ja, wann? (**1**)

- Schülerhypothese: Meeresspiegelanstieg (**2**)

- Auswertung Material mittlere Wasserstände (Tiedehochwasser) für Cuxhaven und Hamburg bis heute (**3**)

- Im weiteren Verlauf der Stunde werden die unterschiedlichen Ursachen des Meeresspiegelanstieges an drei Stationen bearbeitet. Material aus den Vorträgen: Abschmelzen des Inlandeises, Isostasie, thermische Ausdehnung (**4**)

- Überleitung: Szenarien des Pegelanstiegs mittels Zeitungsüberschriften. Anstieg von 1,2 cm in 10 Jahren vs. Anstieg von 13 m in 1000 Jahren (**5**)

- Bearbeitung mittels Material: Meeresspiegelanstiegsszenarien (Diagramm) und Text (**6**)

- Übertrag: Auswirkungen für unsere Stadt: Erstellen eines „BEST und WORST-case-Szenarios" mittels einer Reliefkarte (**7**)

- Aufgreifen der Leitfrage: Wie sicher ist Hamburg? – Wie sichert sich Hamburg?

- Spurensuche in Hamburg: Fotographische Dokumentation von Hochwasserschutzmaßnahmen in Gruppen gegliedert nach Abschnitten der Wasserkante mit anschließender Präsentation (**8**)

- Bewertung der Schutzmaßnahmen: Sind sie ausreichend? Berechnung des Risikofaktors bestehend aus Tide, Sturmflut, Meeresspiegelanstieg (Elbvertiefung). Material: Beitrag Gönnert in diesem Buch (**9**)

Unterrichtsanregung 2: „Bedrohte Küste"

- Unterrichtseinheit: Die bedrohten Küsten (Schuljahr 9/10) ca. 6 UE

- Einstieg: Bilder von Überflutungen (z.B.: Hamburg-Hafen (Fischmarkt); Hallig/Sylt; Bangladesh; Eis-Scholle (Eispolarmeer) ▸▸ Bildinterpretation bzw. Brainstorming zu den Bildern evt. Fazit: Das Meer bedroht die Menschen!

- Im weiteren Verlauf wird die Region der Küsten problematisiert z.B. mit einer Karte von Bevölkerungsverteilung nach Höhenstufen und/oder Beleuchtungskarte der Welt. Damit sollen die Schüler lernen, dass der größte Teil der Weltbevölkerung an den Meeresküsten lebt.

- Da dieses auch auf Hamburg zutrifft, würde man jetzt mit dem Beispiel Hamburg einsteigen, z.B. mit einer Höhenstufenkarte von Hamburg, um aufzuzeigen, welche Gebiete von Sturmfluten betroffen werden.

- Welche Schutzmaßnahmen ergreift Hamburg? Gruppenarbeit nach Brainstorming der Schutzmaßnahmen (z.B.: Deiche; Alarmisierung der Menschen / Signale; Warften mit Fluchtwegen; Fluttore; Hausboote) GA (GA=Gruppenarbeit) erfolgt mit dem Arbeitshinweis neben der Vorstellung der GA in einer Präsentation auf die Vor- und Nachteile einzugehen. ▸▸ Internetrecherche.

- In der Folge sollte das Thema USA (New Orleans) und Klimawandel noch einmal aufgenommen werden und die Fragestellung „Wie andere Staaten mit den Schutzmaßnahmen umgehen oder sie einsetzen?" bearbeitet werden. Wenn man mehr Zeit hat, könnte man noch eine Gruppenarbeit anschließen, in der man verschiedene Regionen mit den Schutzmaßnahmen vorstellt (Niederlande; Bangladesh; …).

Unterrichtsanregung 3: „Ist der Ostseedorsch noch zu retten?

1. Einstieg

Zeitungsartikel/Grafik

Quelle: *http://www.greenpeace.de/themen/meere/kampagnen/sos_weltmeer/tour/artikel/ ostsee_dorsch_vor_dem_aus)*

2. Infoblock

Naturgeografische Gegebenheiten

- Topografie der Ostsee / Hydrografie der Ostsee (humides Nebenmeer, Zirkulation, Salzgehalt) / Nährstoffkreislauf

Einflussfaktoren auf die Dorschbestände

- Eutrophierung / Verschmutzung / Invasive Arten / Fangmengen / Nahrungsbeziehungen

Weitere anthropogeographische Hintergründe

- Wirtschaftsstruktur / Schifffahrt / Tourismus / Brückenbau / Kläranlagen des Ostseeeinzugsgebietes / Nationale Grenzen im Meer

Methodische Vorschläge zur Umsetzung:

Lehrervorträge, Hausarbeiten, Schüler-Kurzvorträge, Partnerarbeit, Schülerexperimente (Wasser)

3. Rollenspiel: Anhörung zur Festlegung der Dorschfangquoten

Interessengruppen: EU-Vertreter / Fischereivertreter / Vertreter anderer Anrainerstaaten / Naturschutzorganisationen / Konsumenten / Fischindustrie / Schifffahrt

Unterrichtsanregung 4: „Meeresspiegelanstieg Bangladesh"

„Meeresspiegelanstieg Bangladesh"		Didaktische Kriterien		
		AFB I Reproduktion	AFB II Reorganisation und Transfer	AFB III Reflexion und Problemlösung
Fachwissen-schaftliche Kriterien	*Auseinandersetzung Mensch – Umwelt*			
	Ursachen		**3**	
	Probleme	**1**		
	Strategien			**6**
	Prognosen		**2 und 5**	
	Raumstruktur			
	Soziale Struktur		**4**	
	Wirtschaftliche Struktur		**4**	
	Topographie		**4**	
	Leitbilder bzw. Interessen			
	Verfahren und Politik			
	System und Struktur			
	Politik Machen			**6**
	Konflikte			**6**

Als Material für diese Unterrichtseinheit dient die Ausarbeitung „Meeresspiegelanstieg in Bangladesh und den Niederlanden. Ein Phänomen, verschiedene Konsequenzen" von Germanwatch (*www.germanwatch.org/download/klak/fb-ms-d.pdf*).

- Der Unterricht beginnt mit dem Aufzeigen der Problemlage in Bangladesh. (Bild zur Überschwemmung, Zitat: Germanwatch S. 5 unten, ggf. Statistik) (**1**)

- Die Schüler berechnen den Anstieg des Meeresspiegels (Texte und Grafiken) (**2**)

- Im weiteren Verlauf werden Ursachen des Meeresspiegelanstiegs im Küstenbereich erarbeitet. (Grafik z.B. Germanwatch S. 3) (**3**)

- Das besondere Gefährdungspotenzial von Bangladesh wird erarbeitet – Raumanalyse (**4**)

- Mögliche Folgen des prognostizierten Meeresspiegelanstiegs werden abgeleitet (**5**)

- Dem Raum angepasste Strategien werden unter Berücksichtigung der Raumanalyse und des Entwicklungsstandes von Bangladesh diskutiert (**6**)

Unterrichtsanregung 5: „Rettet der Klimawandel die Ostsee?"

„Rettet der Klimawandel die Ostsee?"		Didaktische Kriterien		
		AFB I Reproduktion	AFB II Reorganisation und Transfer	AFB III Reflexion und Problemlösung
Fachwissen-schaftliche Kriterien	*Auseinandersetzung Mensch – Umwelt*			
	Ursachen		3	
	Probleme	1	6	
	Strategien			
	Prognosen		4 und 5	7
	Raumstruktur			
	Soziale Struktur			
	Wirtschaftliche Struktur			
	Topographie	2		
	Leitbilder bzw. Interessen			
	Verfahren und Politik			
	System und Struktur			
	Politik Machen			
	Konflikte			

Als Material für diese Unterrichtseinheit dient der Vortrag „Regionalmeere im sozio-ökologischen Kontext. Die Ostsee im Einfluss von globalem Wandel und multisektoraler Nutzung". - Vergleiche Beitrag Kremer *www.loicz.org/imperia/md/content/loicz/print/presentations/loicz-lehrer-baltic.pdf.*

- Der Unterricht beginnt mit dem Aufzeigen der Problemlage der Ostsee (**1** und **2**)
- Im weiteren Verlauf werden die Ursachen des „Sterbens" der Ostsee thematisiert (**3**)
- Mittels der unterschiedlichen Szenarien zum globalen Meeresspiegelanstieg werden unterschiedliche Daten kritisch hinterfragt (**4**)
- Anschließend wird das Fallbeispiel „Ostsee" in den Fokus gestellt (**5**)
- Die Schüler erarbeiten die resultierenden Probleme und auch Möglichkeiten der Rettung der Ostsee (**6**)
- Es folgt eine kritische Stellungnahme der Schüler zu den erarbeiteten Ergebnissen und deren Findung (**7**).

Literatur

ACIA (2004): Impacts of a Warming Arctic: Arctic Climate Impact Assessment. Cambridge.

BRÜCKNER, H. (1999): Küsten – sensible Geo- und Ökosysteme unter zunehmendem Stress. In: Petermanns Geographische Mitteilungen: 6-21.

COLDITZ, M. et al. (2007): Bildungsstandards konkret. Aufgabenkultur und Aufgaben-beispiele. In: Geographie Heute, Nr. 255/256:14-18.

FREIE UND HANSESTADT HAMBURG (Hrsg.) (2008): Rahmenplan Geographie. Bildungsplan neun-stufiges Gymnasium, Sekundarstufe I, Hamburg. Arbeitsfassung vom 18.6.2008.

JANK, W. & H. MEYER (1994): Didaktische Modelle, 3. Aufl., Berlin.

JENSEN et al. (2003): Neue Verfahren zur Abschätzung von seltenen Sturmflutwasserständen. In: Hansa, Nr. 11: 68-79.

KASANG, D. (2004): Der globale Klimawandel. Szenarien und Prognosen. Online: http://www.hamburger-bildungsserver.de/welcome.phtml?unten=/klima/klimafolgen/meeresspiegel/

KELLETAT, D. (1999): Physische Geographie der Meere und Küsten: Eine Einführung. Stuttgart)

LATIF, M. & P. WEINGART (2005): Die Katastrophe droht, droht nicht, droht doch, droht nicht: welche Warnung ernst nehmen? Zwei Wissenschaftler über Panikmache und Forschermythen. In: Chrismon, Okt 2005. Internet: http://www.chrismon.de/707.php (Zugriff am 12.1.2009).

MATURANA, H.R. & F.J. VARELA (1987): Der Baum der Erkenntnis. Die biologischen Wurzeln des menschlichen Erkennens. Bern und München.

MÖHL, S. (2005): „Die Welt" vom 2. Mai 2005. Online: http://www.welt.de/data/2005/05/02/713466.html

MÜLLER-MAHN, D. & U. WARDENGA (Hrsg.) (2005): Möglichkeiten und Grenzen integrativer Forschungsansätze in Physischer Geographie und Humangeographie. Forum IfL. Nr. 2, Leipzig.

RHODE-JÜCHTERN, T. (1977): Didaktisches Strukturgitter für die Geographie in der Sekundarstufe II. Ein praktisches Instrument für Unterrichtsplanung und -legitimation, In: Geographische Rundschau, Nr. 10: 340-343.

RICKEN, N. (1999): Subjektivität und Kontingenz. Markierungen im pädagogischen Diskurs. Würzburg.

SCHRAMKE, W. (1982): Exemplarisches Prinzip. In: Jander, L., W. Schramke und H.-J. Wenzel (Hrsg.): Metzler Handbuch für den Geographieunterricht. Stuttgart: 61-70.

TIEDE, J. & K. AHRENDT (2000): Klimaänderung und Küste – Fallstudie Sylt. Klima-bedingte Veränderungen der Gestalt der Insel Sylt.

Detlef Kanwischer
Universität Koblenz-Landau - Campus Landau
Institut für Naturwissenschaften und Naturwissenschaftliche Bildung
Lehreinheit Geographie
Forststraße 7, 76829 Landau
kanwischer@uni-landau.de